京华通览
历史文化名城
主编／段柄仁

北京的水

云亦／编著

U0193980

北京出版集团公司
北京出版社

图书在版编目（CIP）数据

北京的水 ／ 云亦编著 ． —— 北京 ：北京出版社，
2018.12
（京华通览／段柄仁主编）
ISBN 978-7-200-13855-9

Ⅰ．①北… Ⅱ．①云… Ⅲ．①水系—介绍—北京
Ⅳ．① P641.621

中国版本图书馆 CIP 数据核字（2018）第 017629 号

出 版 人　曲　仲
策　　划　安　东　于　虹
项目统筹　董拯民　孙　菁
责任编辑　白　珍
封面设计　田　晗
版式设计　云伊若水
责任印制　燕雨萌

　"京华通览"丛书在出版过程中，使用了部分出版物及网站的图片资料，在此谨向有关资料的提供者致以
衷心的感谢。因部分图片的作者难以联系，敬请本丛书所用图片的版权所有者与北京出版集团公司联系。

京华通览
北京的水
BEIJING DE SHUI
云亦　编著
＊
北 京 出 版 集 团 公 司
北 京 出 版 社　　出版
（北京北三环中路 6 号）
邮政编码：100120

网　址：www.bph.com.cn
北京出版集团公司总发行
新 华 书 店 经 销
天津画中画印刷有限公司印刷
＊
880 毫米 ×1230 毫米　32 开本　6.75 印张　139 千字
2018 年 12 月第 1 版　2022 年 11 月第 3 次印刷
ISBN 978-7-200-13855-9
定价：45.00 元

如有印装质量问题，由本社负责调换
质量监督电话：010-58572393

序

PREFACE

擦亮北京"金名片"

段柄仁

北京是中华民族的一张"金名片"。"金"在何处？可以用四句话描述：历史悠久、山河壮美、文化璀璨、地位独特。

展开一点说，这个区域在70万年前就有远古人类生存聚集，是一处人类发祥之地。据考古发掘，在房山区周口店一带，出土远古居民的头盖骨，被定名为"北京人"。这个区域也是人类都市文明发育较早，影响广泛深远之地。据历史记载，早在3000年前，就形成了燕、蓟两个方国之都，之后又多次作为诸侯国都、割据势力之都；元代作为全国政治中心，修筑了雄伟壮丽、举世瞩目的元大都；明代以此为基础进行了改造重建，形成了今天北京城的大格局；清代仍以此为首都。北京作为大都会，其文明引领全国，影响世界，被国外专家称为"世界奇观""在地球表面上，人类最伟大的个体工程"。

北京人文的久远历史，生生不息的发展，与其山河壮美、宜生宜长的自然环境紧密相连。她坐落在华北大平原北缘，"左环沧海，右拥太行，南襟河济，北枕居庸""龙蟠虎踞，形势雄伟，南控江淮，北连朔漠"，是我国三大地理单元——华北大平原、东北大平原、内蒙古高原的交会之处，是南北通衢的纽带，东西连接的龙头，东北亚环渤海地区的中心。这块得天独厚的地域，不仅极具区位优势，而且环境宜人，气候温和，四季分明。在高山峻岭之下，有广阔的丘陵、缓坡和平川沃土，永定河、潮白河、拒马河、温榆河和蓟运河五大水系纵横交错，如血脉遍布大地，使其顺理成章地成为人类祖居、中华帝都、中华人民共和国首都。

这块风水宝地和久远的人文历史，催生并积聚了令人垂羡的灿烂文化。文物古迹星罗棋布，不少是人类文明的顶尖之作，已有1000余项被确定为文物保护单位。周口店遗址、明清皇宫、八达岭长城、天坛、颐和园、明清帝王陵和大运河被列入世界文化遗产名录，60余项被列为全国重点文物保护单位，220余项被列为市级文物保护单位，40片历史文化街区，加上环绕城市核心区的大运河文化带、长城文化带、西山永定河文化带和诸多的历史建筑、名镇名村、非物质文化遗产，以及数万种留存至今的历史典籍、志鉴档册、文物文化资料，《红楼梦》、"京剧"等文学艺术明珠，早已成为传承历史文明、启迪人们智慧、滋养人们心灵的瑰宝。

中华人民共和国成立后，北京发生了深刻的变化。作为国家首都的独特地位，使这座古老的城市，成为全国现代化建设的领头雁。新的《北京城市总体规划（2016年—2035年）》的制定和中共中央、国务院的批复，确定了北京是全国政治中心、文化中心、国际交往中心、科技创新中心的性质和建设国际一流的和谐宜居之都的目标，大大增加了这张"金名片"的含金量。

伴随国际局势的深刻变化，世界经济重心已逐步向亚太地区转移，而亚太地区发展最快的是东北亚的环渤海地区、这块地区的京津冀地区，而北京正是这个地区的核心，建设以北京为核心的世界级城市群，已被列入实现"两个一百年"奋斗目标、中国梦的国家战略。这就又把北京推向了中国特色社会主义新时代谱写现代化新征程壮丽篇章的引领示范地位，也预示了这块热土必将更加辉煌的前景。

北京这张"金名片"，如何精心保护，细心擦拭，全面展示其风貌，尽力挖掘其能量，使之永续发展，永放光彩并更加明亮？这是摆在北京人面前的一项历史性使命，一项应自觉承担且不可替代的职责，需要做整体性、多方面的努力。但保护、擦拭、展示、挖掘的前提是对它的全面认识，只有认识，才会珍惜，才能热爱，才可能尽心尽力、尽职尽责，创造性完成这项释能放光的事业。而解决认识问题，必须做大量的基础文化建设和知识普及工作。近些年北京市有关部门在这方面做了大量工作，先后出版了《北京通史》（10卷本）、《北京百科全书》（20卷本），各类志书近900种，以及多种年鉴、专著和资料汇编，等等，为擦亮北京这张"金名片"做了可贵的基础性贡献。但是这些著述，大多是服务于专业单位、党政领导部门和教学科研人员。如何使其承载的知识进一步普及化、大众化，出版面向更大范围的群众的读物，是当前急需弥补的弱项。为此我们启动了"京华通览"系列丛书的编写，采取简约、通俗、方便阅读的方法，从有关北京历史文化的大量书籍资料中，特别是卷帙浩繁的地方志书中，精选当前广大群众需要的知识，尽可能满足北京人以及关注北京的国内外朋友进一步了解北京的历史与现状、性质与功能、特点与亮点的需求，以达到"知北京、爱北京，合力共建美好北京"的目的。

这套丛书的内容紧紧围绕北京是全国的政治、文化、国际交往和科技创新四个中心，涵盖北京的自然环境、经济、政治、文化、社会等各方面的知识，但重点是北京的深厚灿烂的文化。突出安排了"历史文化名城""西山永定河文化带""大运河文化带""长城文化带"四个系列内容。资料大部分是取自新编北京志并进行压缩、修订、补充、改编。也有从已出版的北京历史文化读物中优选改编和针对一些重要内容弥补缺失而专门组织的创作。作品的作者大多是在北京志书编纂中捉刀实干的骨干人物和在北京史志领域著述颇丰的知名专家。尹钧科、谭烈飞、吴文涛、张宝章、郗志群、姚安、马建农、王之鸿等，都有作品奉献。从这个意义上说，这套丛书中，不少作品也可称"大家小书"。

总之，擦亮北京"金名片"，就是使蕴藏于文明古都丰富多彩的优秀历史文化活起来，使充满时代精神和首都特色的社会主义创新文化强起来，进一步展现其真善美，释放其精气神，提高其含金量。

2017 年 11 月

目录

CONTENTS

概　述

　　"海畔云山拥蓟城"。北京，位于华北平原西北隅，西部和北部为太行山与燕山山脉环抱，东南是一马平川。依山面海，龙盘虎踞。14 亿年前的"燕山运动"使西北部上升为山地，东部下陷为平原，地理学上把这块平原称为"北京湾"，因此，又有"先有北京湾，后有北京城"一说。

　　"北京湾"特殊的地形地势，使西北部徜徉流转于群山中的大小河流向东南平原汇流，到北京平原上形成了五大水系——永定河水系、潮白河水系、温榆河—北运河水系、拒马河水系、泃河水系。这五大水系孕育、滋补着北京城的过去、现在和未来。

　　历史上的北京城水资源非常丰富，堪称一座水城，北京内城与城外的联系常常依靠密布的河网。像通惠河、温榆河、潮白河等，都能通船。那时从通州起航的船只可以一直开到密云城下，如果再顺着温榆河逆流而上，一直能开到昌平的沙河。

地下水也很丰富，在永定河和潮白河两大洪积冲积扇的中上部地区，形成两大地下水溢出带，泉水众多，泉流丰沛。一条是沿山前平原呈弧形，分布于南部的昆明湖、紫竹院至右安门，直到南苑镇，有多处泉水。如海淀的万泉庄，据记载有 28 个大泉眼，这些泉眼流出来的泉水，通过万泉河向北流。康熙年间兴建圆明园的时候，主要水源就是万泉庄的泉水。玉泉山的泉水水量更大，后来随着水系变迁，这些水源基本枯竭了。另一条在北部，从南口以下至百泉庄、四家庄、亭子庄等地，呈长条状分布，有一亩泉、满井、百泉等。

北京城的产生、发展与变迁都与城市河湖体系有着直接关系。

辽南京城、金中都城，城市水源主要依赖莲花池水系。金对辽南京城水系做了较大改变，形成新的护城河系统。源于莲花池的洗马沟（莲花河）被圈入城内，成为宫苑水源。在宫城西面建同乐园，开西华潭等湖泊，宫城之内建鱼藻池。莲花河流经皇城宣阳门前，由南城垣下流出城外，河水经城垣处建有规模宏大的水关。在中都城内还开辟了一些小河，如会城门至莲花河的水渠、迎春门内的水渠等。

元大都城建成后，开通了由大都城至通州的坝河和通惠河。坝河起于大都城内的积水潭，下接温榆河，与运河相通。至元三十年（1293）修建完成的通惠河，由昌平白浮泉引水，西折而南，聚昌平西部泉水汇入瓮山泊，合玉泉山水，引入大都积水潭，再由积水潭引至通州，与大运河相接。又开金水河，引玉泉山水入内。元末开凿金口新河，引卢沟河水至通州，因水量过大，威胁城池而废弃。

明代，北京城及近郊水系在元代基础上有了较大变化。明初北京城放弃了元大都城北部，将元大都城内的坝河河段改建为北护城河。永乐年间北京城南扩，原元大都南护城河填平为城市街区，在扩建后的南城门外开凿了新的南护城河，在皇城承天门前增加了金水河。元大都的金口河故道因城市建设而湮废，正统年间在原金口新河故道上开通三里河，嘉靖年间修建外城，开挖了外护城河。元代金水河至明代湮废。

清代，北京城及近郊河湖水系变化不大，只有局部变动。清中叶，大明濠横桥以北河段湮废，瓮山泊扩建为昆明湖。

历史上遗留的古河道部分地段以及天然与人工造成的部分洼地由地下水渗出和积水形成几十处大小湖泊。北京的先人从隋代起先后开凿了温榆北运河、蓟运河、通惠河等人工河道，使河湖连成一体，形成一个优化的城市供水网络。

近些年来，随着气候的变迁和频繁的人类活动，北京城的水资源大幅度枯竭，许多河道消亡或退化，地表水系逐渐减少。北京市人均占有水资源量不足 300 立方米／年，仅为全国人均水资源量的八分之一、世界人均水资源量的三十分之一，远远低于国际公认的人均缺水下限 1000 立方米／年，年人均水资源在世界大城市和首都中名列百位之后，属资源型缺水城市。

自 20 世纪 50 年代起，在永定河、潮白河等河流上先后修建了近百座大、中、小型水库，并开挖了两条大型引水渠及大中型灌区。80 年代以来，对城市河湖开始综合治理，保护河湖水质，修建了污水截流管，把污水引至污水处理厂，还清，还绿。已建成昆明湖—南护城河—通惠河（简称南环）和长河—北护城河—亮马河—二道沟（简称北环）两条花园式河道，成为环绕城区的"绿色项链"。后门桥水面、莲花池、菖蒲河、转河、御河等恢复工程，再生水工程和南水北调部分工程的相继启用，也使城区水环境有了很大改善，"卢沟晓月""长河观柳"的景观再现。

　　保护北京的水，就是保护北京城的生命之源。

五大水系

北京分布着大小河流200余条，它们分属于海河流域的五大水系，即永定河、潮白河、温榆河—北运河、拒马河及泃河（蓟运河）。北京市西部为拒马河（大清河）水系、永定河水系，中部是温榆河—北运河水系，东部有潮白河及泃河（蓟运河）水系。温榆河—北运河水系发源于北京境内，其他四大水系均来自北京以外，为过境河流。

永定河水系

永定河，古称灅水、桑干河、浑河、卢沟河，因其河道多次变动，所以又称无定河，清康熙三十七年（1698）赐名永定河。永定河斜贯北京西南部，是北京最大的过境河流。由于受上游降水量分配不均匀的影响，其流量极不稳定，加之上游经黄土区，河水含沙量较大，故有"小黄河"之称。

永定河在不同时代有不同名称。秦和西汉时，称"治水"；东汉时期，下游仍称"治水"，上游因源出自累头山，以今黄水河为正源，则称"灅水"。隋、唐时期，永定河被称为桑干河；元、明时期称浑河；清康熙三十七年（1698）始名永定河。

永定河由洋河、桑干河和妫水河三大支流在官厅附近汇合而成。

洋河由东洋河、西洋河、南洋河在河北省怀安县汇合而成，经宣化盆地在涿鹿县朱官屯与桑干河汇合入官厅水库。

桑干河发源于山西省宁武县管涔山北麓的桑干泉，向东北流经大同盆地接纳了浑河、御河，东流入河北省，在阳原县钱家沙洼纳入来自蔚县的壶流河，然后在朱官屯与洋河汇合入官厅水库。

妫水河发源于延庆区黑汉岭西北的大吉祥，向西南流，在香村营以南接纳古城河，在延庆西南大路村入官厅水库。

洋河、桑干河、妫水河汇入官厅水库，水库以下称永定河。官厅水库至三家店为永定河山峡地段，全长 108.5 千米。河流蜿蜒于高山峡谷之中，沿途接纳了漱河、清水河、下马岭沟、清水涧、苇甸沟、樱桃沟等。三家店以下进入平原，经丰台、房山、大兴等区，在大兴区石佛寺附近入河北省。

永定河在北京境内的干流长度约 169.5 千米，流域面积 3105 平方千米，占全市面积的 18.9%，其中山区为 2453 平方千米，占该流域面积的 79%，平原为 652 平方千米，占 21%。

官厅水库以上为永定河上游，地处山区，绝对高程较大，相对高程较小，多为中山丘陵及盆地，河谷开阔，地势自西北向东南逐渐降低。上游地区 74% 的流域面积为黄土覆盖及石质山区，植被覆盖度不到 30%，土质疏松，下切较深，两岸冲沟发育，水土流失严重，是国内多沙的河流之一，故有"浑河""小黄河"之称。

官厅水库至三家店之间为该河中游。此段处于中山峡谷区，两岸山势雄伟，山坡陡峭，谷深岸窄，河水在峡谷中迂回前进。河道天然落差 340 米，平均坡降 3.2‰，水流急，水能资源丰富，占全市水能蕴藏量的 20.4%。雁翅以下，落坡岭至三家店，河道在上苇甸穹隆和九松山向斜之间，组成山体的岩性为寒武、奥陶系灰岩，溶洞较多，岩层破碎，节理发育，岩层倾向与河水流向一致，此段河水渗漏严重。山峡地区多暴雨，支流沟短坡陡，每遇暴雨洪水猛涨，受洪水及泥石流的威胁较大。

三家店至河口为下游，河流进入平原，地势变缓，水流速度减慢。三家店至卢沟桥河道长 17.25 千米，流域面积 19 平方千米,平均坡降 2.6‰。河道曾分为东、西两汊,至阴山咀复而合一。1992 年,北京市有关部门组织施工,堵闭西汊,疏浚东汊,使此段只留下一条干流。卢沟桥至梁各庄河道长 60.8 千米,坡降更为平缓,为 1‰ ~ 0.4‰,河道已淤积成地上河。

永定河从三家店出山进入平原后,主河道在历史上曾多次变迁,且长期数条河道并存。在晚更新世玉木冰期的最盛时期,气候寒冷,寒冻风化强烈,岩屑物质大量产生,河流的搬运能力不足以将其全部带走,在山前形成了广阔的冲积扇。晚更新世末至早全新世,全球气候变暖,岩屑物质减少,河流水量增加提高了搬运能力,永定河冲积扇停止发育,进入河流深切时期,在现北京的平原地区西南部冲刷出多条古河道。全新世中期,气候温暖,永定河水量充沛,冲积扇上水网密布,植被茂盛,河床堆积加快。

据 20 世纪 70 年代末至 80 年代初对北京平原地区古河道的勘测调查和 14C 测定,多份研究报告中提出据今 1 万年 ~1200 年间,在现北京城区及附近有多条永定河古河道通过,自北向南分别是:古清河,古金沟河及其下游北支古㶟河、古高梁河与南支古蓟河、古莲花河,位于今丰台区和石景山区之间的古漯水及其西侧的古无定河、浑河。

约在全新世早期,永定河从三家店出山后向东北,再向东经今巨山村、南坞、海淀、清河,从通州入潞水,此为清河故道。大致在同时期,永定河出山后向东,经今杨庄、八宝山,过城区到通州,为金沟河故道。同时期或略晚,永定河出山后向东南,经今衙门口、小井、南苑、小张湾、采育出境,为漯水故道。其后,有河道经今衙门口过丰台、西红门、黄村、庞各庄、杨各庄、李贤，向东南出境，为无定河故道。

在八九世纪，永定河经卢沟桥后，一支过今立垡、鹅垡、后辛庄、前大营、魏善庄、汤营，向南出境；另一支经诸葛营、北章客一带，向东南出境，两支并称浑河故道。经卢沟桥南下，过鹅坊、葫芦垡、赵村，从大兴南界崔指挥营村出境的河道，为现今的永定河河道。

在永定河河道变迁时期，北京平原区地壳略有升高，迫使河流逐渐向南迁徙，数条河道由北向南，基本上从老到新排列，同期或有两三条河道并存，新河发育后老河逐渐消亡，成为故道。

永定河

其中晚于㶟水的无定河先于㶟水、晚于永定河的浑河先于永定河消失，其余的按新老顺序依次消亡，只剩下现今的永定河道。

晚全新世，现北京地区人类活动趋于频繁，植被逐渐被破坏，水土流失也随之加重。河流所带泥沙大量沉积，河床淤高，摆动不定,历史上称之为"善决""善徙"的"无定河"。直至 17 世纪，河道才基本稳定，于清康熙三十七年（1698）筑堤，正式命名为永定河。1954 年官厅水库建成后，起到拦沙、蓄洪作用，水患基本根除，该河从此才成为名副其实的永定河。

潮白河水系

潮白河是海河北系四大河流之一，上游分潮河、白河两大支流，两河在密云城区西南河漕村汇合后称潮白河，流经京津冀三省市，于北塘附近入渤海。潮白河从汇合口以下流经密云、怀柔、顺义、通州四区，经北京市界干流总长83.5千米。

潮河发源于河北省承德市丰宁县草碾沟南山，向南流经古北口附近入北京市密云区，在桑园以西有安达木河汇入，在高岭以南入密云水库，在水库东侧纳入清水河，于水库南侧碱厂附近出水库，至辛安庄纳入红门川，向西南流，在城区西南河漕村与白河汇合。

白河发源于河北省张家口市沽源县大马群山东南，流经赤城，在青罗口与源于龙关县的刁鹗河汇合，向东折去，在延庆区白河堡附近入北京市境。在菜木沟纳入黑河，在宝山寺纳入南来的渣汰河及北来的天河，在汤河口纳入汤河，折而向南流，在青石岭附近纳入琉璃河，在张家坟以东入密云水库。在库北还有白马关河汇入。白河由溪翁庄出密云水库，向南流，在城区西南河漕村与潮河汇合，汇合后称潮白河。

潮白河密云段向西南流到牛栏山东侧纳入怀河，在顺义区赵庄南纳入箭杆河，在通州区西集镇大沙务村东出北京市，入河北香河县，经潮白新河入渤海。

潮白河水系在北京境内主河道长118千米，其中潮白河干流（河漕村至赵庄）长度83.5千米。该水系在北京境内流域面积5487平方千米，占全市面积的33.4％。其中山区流域面积4499平方千米，占境内流域面积的82％；平原流域面积988平方千米，占境内流域面积的18％。

潮白河在密云城区以上称为上游。上游除河源段河道比较开阔外，多呈"V"形河谷，白河自白河堡至密云水库，潮河自古北口至密云水库，河床基本镶嵌在峡谷中，山势陡峭，岩石裸露，河床比降大，水流急，河流以下切作用为主。密云水库以下至苏庄称中游河段，河流流经冲洪积扇上，地势比较平坦，平均坡度约为1.1‰，河中出现沙洲及汊河，洪水期以搬运作用为主，枯水期以沉积作用为主。苏庄以下为下游地区，地势低洼，河谷开阔，有广阔的河漫滩，以沉积作用为主。

潮白河

温榆河—北运河水系

　　温榆河—北运河水系是北京五大水系中唯一发源于境内的河流，源于昌平区，承泄西山及燕山南麓的诸小水流，温榆河上游由东沙河、北沙河、南沙河于沙河镇汇合而成，清河、坝河和小中河等依次汇入，通州北关闸以上称为温榆河，北关闸以下称北运河。北运河是京杭大运河的北段，汉称沽水，辽称白河，金称潞水，清雍正四年（1726）始有北运河之称，沿用至今。史书一般称漕河、运粮河。北运河在通州区牛牧屯村出市境，经香河、武清两县后在永定河屈家店枢纽向东南汇入海河。

　　东沙河由德胜口沟、锥石口沟、上下口沟、老君堂沟的溪流在十三陵水库以上汇合而成，在沙河镇北入北沙河。

　　北沙河，元代称"双塔河"。古代曾是漕运河道。源于昌平区四家庄，向东南流，于双塔村西北汇入高崖口沟、白羊城沟、兴隆口沟、龙潭沟、关沟诸水，进入海淀区。再向东南流至梅所屯东北出海淀区界。又左汇虎峪沟、东沙河水东流入沙河水库。

　　南沙河上源是周家巷沟，发源于海淀区寨口村附近，向东北流，在常乐村以南汇入一条发源于二道河的小河后称南沙河，于沙河镇以东入沙河水库。

　　三条沙河汇合后，出沙河水库称温榆河，继续向东南流，在北马坊南有孟祖沟汇入。在曹碾村接纳了发源于燕山南麓的由入家沟、西峪沟、钻子岭沟、桃峪口沟、白浪河及牤牛河等小河汇合成的蔺沟。继续向东南流，在沙子营以东，清河汇入温榆河。清河发源于玉泉山附近，在海淀区厢白旗北纳入万泉河（源于万泉庄），在清河镇南纳入小月河。

坝河、通惠河与市内护城河相通，属排污河，在通州城区以北入温榆河。

小中河发源于怀柔区山前洪积扇前缘，向南流经顺义城区以西，在通州城北入温榆河。

北运河是京杭大运河的北段，自通州北关闸以下，沿途纳入凉水河，于通州区西集镇牛牧屯村南出北京境后，纳入凤港减河及龙凤新河。

温榆河

凉水河上源有莲花河、丰草河及马草河，均源于永定河大堤东侧，在丰台区果园以下称凉水河。向东南流，在通州马驹桥北纳入大羊坊沟，在张家湾纳入萧太后河及玉带河，在榆林庄汇入北运河。

凤港减河是人工河，把凤河与港沟河串联起来，在香河县贾庄以东汇入北运河。龙凤新河在天津武清区北入北运河。北运河在天津红桥入海河，全长 200 余千米。

通州东关段北运河水系在北京境内的流域面积 4320 平方千米，占全市面积的 26.3％。其中山区 994 平方千米，占境内流域面积的 23.1％；平原 3326 平方千米，占 76.9％。

北运河在历史上是人工开凿的漕运粮食的水道，河床狭窄，水量不大。为增大运河水量，使运粮船直入大都城，元朝科学家郭守敬建议，将昌平凤凰山脚下的白浮泉引到瓮山泊（今昆明湖），经高梁河（今长河）、北护城河、通惠河到通州。水量增大，运粮船可顺利到达运粮码头积水潭。现在北运河水系为北京城区及平原地区的主要排水河道。在汛期，因河床狭窄，排泄不畅，下游多以减河分洪，洼淀放淤。有青龙湾减河、筐儿港减河分洪于七里海和金钟河。

北运河河床土质多为粉细沙，主槽不稳定，河身弯曲，汛期常泛滥成灾。据统计，明代发生洪灾 19 次，清代 40 次，民国期间发生较大洪涝灾害 5 次，其中 1939 年北运河洪水与潮白河洪水连成一片，灾情惨重。

拒马河水系

拒马河发源于河北省涞源县的涞山，至涞水县西北转向东，在房山区十渡镇大沙地入北京境内，在铁锁崖分南北两支，一支为北拒马河，一支为南拒马河。北拒马河在北京境内长19.5千米，东流至南尚乐乡南河村出北京市界；南拒马河直入河北省。

拒马河水系在北京境内的流域集中在房山区，由大清河支流拒马河及大石河、小清河等构成。拒马河在北京境内长41.5千米，流域面积2168平方千米，占全市总面积的13.2%。其中山区流域面积1583平方千米，占该流域面积的73%；平原流域面积585平方千米，占该流域面积的27%。

大石河及小清河源于房山区，是拒马河较大的支流。注入北拒马河的支流还有马鞍沟、千河口北沟、东沟、大峪沟及胡良河，多为季节性小河。

大石河发源于百花山南麓，在山区有峪子沟、大堰台沟、白石口沟、中窖沟、南窖沟等注入；向东流至漫水河出山进入平原，向南流，沿途接纳了马刨泉河、周口店河、夹括河；在东茨村入北拒马河，全长120千米。大石河在漫水河以上流经石质山区，深切西山地区分布广泛的中、上元古界（蓟县系、青白口系）及古生界（寒武、奥陶系）地层，流域内大泉比较发达，流量8万立方米／日的万佛堂大泉即在该流域。大石河出山以后，流经山前第四系松散沉积物，河谷较宽，比降变小，径流缓慢，水量下渗强烈，在十八亩地至夏村一段成为干河谷，夏村以下才为常年有水的河流。

小清河发源于丰台区马鞍山东坡，上源为小哑叭河，在南流途中接纳了九子河、哑叭河、刺猬河，到东茨村入北拒马河。

拒马河在张坊以上为上游，河流在中山、低山峡谷中流动，地处黄土高原东缘，太行山山脉东麓，土质松软，河床下切作用强烈，冲沟发育，是该流域主要泥沙来源地。上游处于暴雨中心，河床比降大，汇流迅速，地表产水量较多。张坊以下属于中下游地带、河流流经太行山东侧冲积扇及华北大平原上，因河床坡降变缓，泥沙大量沉积，有的地段形成地上河。拒马河水量丰沛，水质好，是北京清洁的地表水资源之一。

小清河

泃河水系

泃河属海河流域蓟运河水系，发源于河北省兴隆县的茅山和跑马场，经天津市蓟州区泥河村入北京市平谷区，由东向西，在平谷城区西南芮营村纳错河（今称洳河）南流，于北务村出境。泃河、洳河是平谷区主要泄洪与排涝河道。

蓟运河有两大支流。一是州河，发源于河北省遵化市北部燕山南侧；二是泃河，发源于河北省兴隆县黄崖关北。泃河向南流至蓟州区北部罗庄子急转向西，在泥河村附近入北京平谷区。在海子水库以下向西流，沿途纳入将军关石河、土门石河、黄松峪石河、北寨石河、鱼子山石河、豹子峪石河等，又在平谷城区西南前芮营附近纳入洳河（20 世纪 90 年代前曾改称错河），在英城以南纳入发源于顺义区龙湾屯北的金鸡河。泃河折向南流，在马坊东南出平谷区，进入河北省三河市，在天津宝坻区九王庄附近与州河汇合，汇合后称蓟运河。蓟运河继续向东南流，在江洼口纳入还乡河、青龙河等。经芦台、汉沽于北塘入渤海。泃河流域降雨量较多，是北京市的暴雨区之一，汛期洪水量大，河底纵坡 0.7‰，历年平均流量 11 立方米／秒，最大洪水量 2000 立方米／秒（1958 年）。海子水库、黄松峪水库建成后，最大洪水量降至 500 立方米／秒（1978 年）。泃河多年平均来水量为 1.39

亿立方米。水质良好，将军关至韩庄段为二级，韩庄染料厂至张辛庄段为三级，张辛庄至前芮营段为一级，前芮营至马坊段为二级。多年平均输沙量 4.41 千克／秒，年输沙总量 13.9 万吨，侵蚀模数 72.7 吨／平方千米·年。

洳河系泃河水系最大支流，曾称错河。发源于密云区东邵渠乡的银冶岭。由北向南流经太保庄南入平谷区。经刘家店、峪口、乐政务、王辛庄、大兴庄、平谷镇于马昌营乡前芮营村东南汇入泃河。河床宽 30 米，长 40.7 千米。

金鸡河系泃河支流，史称五百沟水。发源于顺义区唐指山南麓，由西北流向东南，于英城乡河奎村西北入平谷区，于英城大桥北汇入泃河，长 27 千米。

蓟运河水系在北京流域面积为 1347 平方千米，占全市面积的 8.2%，其中山区流域面积 674 平方千米，占该水系在京流域面积的 50.04%；平原流域面积 673 平方千米，占该水系在京流域面积的 49.96%。

该流域北、东、南三面环山，构成半封闭型盆地。地势东北高，西南低，山地属侵蚀构造低山地形，沟谷纵横，多峭壁，海拔 300～1000 米。中山地区植被较好，低山及丘陵区由于人类活动影响，草木稀疏，植被覆盖度较差。盆地中为第四纪坡积、冲积沉积物，土质疏松，渗漏严重，发源于北山的诸小河流多为季节性河流。

河 道

　　北京市城区的河道主要包括通惠河、凉水河、坝河和清河。另有永定河引水渠、南北护城河、长河、东西土城沟、转河、京密引水渠昆玉段、双紫支渠、二道沟、小月河等排水明渠和东护暗沟、西护暗沟、前三门暗沟等排水暗渠组成的排水系统以及参与拦蓄洪水的三家店调节池等。

　　北京作为古代都城，如今成为中华人民共和国的首都，每个阶段的发展都伴随着开发水源、疏导排水的努力。辽定燕京，金建中都，都以莲花河水系为中心。元代由于水源、防范永定河洪水和便于城市排水等原因，改以大宁宫（今北海）为中心建大都城。修筑城垣，开挖护城河，修建排水沟渠，后又北引白浮泉水开凿通惠河，奠定了日后北京城的基础。明攻占元大都后，将北城墙南移，利用高梁河、积水潭为北护城河。南移内城南墙，新开前三门护城河。东西护城河仍按元旧制，只分别向南延伸与前三门护城河接连，由东便门出大通桥入通惠河。后又修筑外城，开挖外城护城河，汇入通惠河。至此奠定了北京护城河的规模，并为清代沿用。

　　历史上曾经是漕运河道的清河、坝河，如今是北京市区西北部、北部和东北部的排水河道；曾是金中都宫苑水源的莲花河和凉水河，如今成了市区西部、南部、东南部的排水河道；曾是元、明、清重要漕运河道的通惠河，如今是城区的主要排水河道。自1949年中华人民共和国成立以来，又修建了大量供水、排水河渠和管道，构成了较完善的城市输水、排水系统。

通惠河

通惠河又名玉河，明、清时称大通河，是南北大运河北端一段人工开凿的运河，元至元二十九年至三十年（1292—1293）修建。元代通惠河上自昌平白浮泉，下至通州李二寺(里二泗)河口，全长一百六十四里又一百四步（元制），是在金代闸河（从中都至通州，长50里，因河上设闸而得名）基础上向上游延伸开凿的一条通漕河道。河道开通后漕运繁忙，元世祖忽必烈命名为"通惠河"。从元至清，通惠河前后使用600余年。清末漕运停止后，即成为城区的主要排水河道，流域面积258平方千米。

元至元二十九年（1292），都水监郭守敬主持开挖通惠河，当年八月开工。自昌平白浮引水，西流折南，沿途接引"王家山泉、

东便门外通惠河旧影

昌平西虎眼泉、孟村一亩泉、马眼泉、侯家庄石河泉、灌石村南泉、冷水泉、玉泉"（见《元一统志》）等诸泉后入瓮山泊（昆明湖）。在沿线水渠与河流（山溪）交叉处，修建了"笆口"12处，以解决引水与防洪的矛盾，经长河引水至都城积水潭，再从积水潭东岸后门桥引出，经东不压桥、南河沿，过今正义路东南行，经船舨胡同、北京站，出东便门，接闸河至通州入白河（今北运河）。

由于北京地面坡降过陡，水流急湍，为"节水行舟"，沿途每10里设闸一处，每处置上下两座闸，相距一里许，共建船闸11处24座。从上游至北运河口顺序是：广源闸2座（修建通惠河前即有此闸）、西城闸2座、朝宗闸2座、澄清闸3座、文明闸2座、魏村闸2座、庆丰闸2座、平津闸3座、普济闸2座、通州闸2座、广利闸2座。翌年八月末工程完毕，漕船可自通州直抵大都城内积水潭。通惠河初建，均为木闸，运行十几年后木多朽坏，漏水严重，影响节水行舟。元至大四年（1311）开始将木闸改建为砖石闸，元泰定四年（1327）基本改建完成。

通惠河通航，不但方便南北物资交流，也减少了大都军民陆挽之劳。岁漕达200余万石，通惠河常是"舳舻蔽水"，盛况空前，使大都城更为繁荣。明初，白浮引水工程湮废，通惠河只剩西湖（瓮山泊）水源，又因北京城垣改建，御河（通惠河的一段）被圈入皇城内，致城内不复通航。

明正统三年（1438）修复通惠河，新建大通桥，改由东便门外大通桥为起点，因此又称大通河。其后，又在大通桥北岸开支河，漕船通过五闸二坝可达朝阳门、东直门。通惠河复航后，既储漕

通惠河旧影

粮，又蓄物资，给京城带来新的经济繁荣。清代，扩大上源，修闸、建坝，多次整治通惠河。

光绪二十六年（1900），因现代海运和铁路兴起，漕运日衰。光绪二十七年（1901），贡粮改征纹银，通惠河漕运遂中止，此后这条河逐渐变为城区排水河道。

中华人民共和国成立后，多次对通惠河进行治理。

1958年，为解决第一热电厂用水问题，在高碑店村建新拦河闸，3孔，其中2孔均宽3米，1孔宽6.4米；另有1孔溢流堰，宽5米。闸北建拦河堤，堤顶高程32米，顶宽10米。改建工程1959年4月开工，1960年9月完工。北京电力设计院设计，市市政工程局施工。完成土方11万立方米，混凝土及砌石料8000余立方米。

1965年至1970年，配合地下铁路建设和南护城河扩挖，市市政工程局先后疏浚展宽东便门至庆丰闸间的一段河道，河道底宽由 10 米扩至 27 米。由于城市发展，洪峰流量逐年增大，此闸原设计流量不能适应需要，1976 年降低了溢流堰高程，过洪量扩大到 270 立方米 / 秒。

根据 1978 年市规划局与市水利局拟定的分期治理通惠河的规划，着手整治通惠河。1981 年改建高碑店闸。新闸位于旧闸之北，4 孔，均宽 7 米，防洪能力按 20 年一遇洪峰流量 434 立方米 / 秒设计、百年一遇洪峰流量 640 立方米 / 秒校核。由市水利勘测设计院设计，市第二水利工程处施工。1984 年建成，工程投资约 800 万元。

1985 年 9 月改建普济闸。新闸在旧闸下游 430 米处，4 孔，均宽 8 米，为舌瓣平板钢闸门，防洪能力按 20 年一遇洪峰流量 522 立方米 / 秒设计、50 年一遇洪峰流量 679 立方米 / 秒校核。由市水利规划设计研究院设计，市水利工程基础处理总队施工，1987 年建成。

1987 年至 1989 年建成东便门拦河橡胶坝，提高龙潭湖下游水位，以改善水环境。

1993 年 3 月开始，对通惠河进行全面治理。工程分两期施工。一期工程由东便门橡胶坝至高碑店，长 7.8 千米。治理标准是：东便门至乐家花园按 20 年一遇洪峰流量 448 立方米 / 秒设计、百年一遇洪峰流量 622 立方米 / 秒校核；乐家花园至高碑店闸按 20 年一遇洪峰流量 464 立方米 / 秒设计、百年一遇洪峰流量 651 立方米 / 秒校核。河底宽 40 米，东便门橡胶坝到外环铁路桥，采用混凝土衬砌，直墙护岸，高4.5米，两岸各有约7米宽的巡河路与绿化带。堤外坡脚处设排水沟，宽2米。外环铁路桥至高碑店闸为高碑店湖区，面积约20公顷。湖中开挖主河槽，底宽35米，边坡1：3。两岸建平台，各宽3.5米，滨河路宽分别为5米和7米。两岸均修建了污水截流管道，污水不再入通惠河。治理时还对庆丰闸遗址和高碑店闸（平津闸）遗址进行了保护，在庆丰闸遗址处建了一座便于通船的高拱桥，在河道北岸竖起了整治通惠河的碑刻，在高碑店湖南岸为郭守敬立了塑像以资纪念。此工程由市水利设计研究院设计，市第一水利工程处、市水利工程基础处理总队和朝阳区通惠河整治分指挥部施工，1995年竣工。

　　二期工程对高碑店以下至入北运河口10.5千米河道进行治

通惠河

理。治理按照 20 年一遇洪水的洪峰流量设计、50 年一遇洪水的洪峰流量校核，堤顶及建筑物高度按 50 年一遇洪峰加 0.8 米超高设计。河道中心线尽量与原中心线一致，局部裁弯取直；河道断面为梯形或矩形复式断面两种；筛子庄桥以上河道底宽 35～40米，筛子庄桥以下底宽为 40 米；河道两岸均设滨河路，路宽 5 米，路两侧各有 2 米宽的绿化带；通惠闸拆除重建，新闸为 5 孔，每孔净宽 8 米；新建西海子桥。工程于 1997 年 3 月开工，2001 年10 月竣工，总投资 70820 万元。

1999 年，为便于通航，对通惠河上段东便门至高碑店河道进行了以清淤为主的整治。工程于 1999 年 4 月 1 日开工，6 月1 日进入汛期，工程暂时停工，10 月 7 日复工，2000 年 5 月 31日竣工。截至竣工共完成淤泥清运 64057 立方米，混凝土方砖护底 27740 平方米，模袋砂浆护底 4480 平方米，栏杆油漆 13332米。工程投资 2713 万元。同期实施高碑店湖底清淤工程。湖底清挖至设计高程 26 米。淤泥清运采用绞吸式挖泥船，共完成湖区清淤 18.2 万立方米。2000 年 8 月 24 日开工，12 月 22 日竣工。工程投资 550 万元。上段工程实施中还兴建了大北窑橡胶坝及船闸，目的是平时壅高水位保证上下游通航。该工程于 2000 年交付使用。

对通惠河支流二道沟也进行了治理。二道沟起点为朝阳区金台西路暗河出口，在红领巾湖南侧纳入退水渠向东入高碑店湖。二道沟是北京工人体育场周边及沿河两岸大部分地区的主要排水河道，也是北京第一热电厂循环水系的一部分，兼有防洪、供水和城市景观之功能。20世纪90年代起，二道沟沿线河道淤积，水质恶化，沿途居民和单位不断呼吁，要求进行治理。由于沿途涉及用户和单位较多，职责不清、资金筹措困难，多年未能治理。2006年，通惠河流域基本得到治理，二道沟治理提到议事日程。工程于2006年11月15日开工。河道排水设计标准为20年一遇洪水不淹没主要雨水管内顶，防洪设计标准为50年一遇。工程范围包括二道沟上游工人体育场水系暗涵、二道沟、红领巾湖退水渠三部分。工体水系暗涵段总长5774米，其中工体暗涵长4210米，团结湖暗涵长1564米，主要进行暗涵内清淤和暗涵两岸现状污水截流。二道沟明渠自金台西路至朝阳路闸全长4505米，主要进行河底清淤、岸坡护砌绿化、两岸巡河路及人行步道建设等。红领巾湖退水渠段长443米，主要进行河道清淤和河坡绿化。另外，沿河道两岸修建了管径400～500毫米的截污管线，在河道左岸自显塔寺闸至金台路桥段埋设了循环水管道，将现状两孔朝阳路闸扩建为三孔，整修显塔寺闸并修建了管理设施。工程总投资24801万元。（热电厂北路桥下游左岸，星火路桥下游右岸，电缆厂桥下游左岸，金台路桥下游左岸，共990米长的河段上口以及红领巾湖退水闸因拆迁原因未能实施。）

到2010年，通惠河高碑店以上河道的防洪标准按20年一遇洪峰流量设计、100年一遇洪峰流量校核；高碑店以下河道的防洪标准按20年一遇洪峰流量设计、50年一遇洪峰流量校核。

护城河

　　北京的护城河，始掘于元代，明代有所改建、增建，内外城形成北护城河、东护城河、西护城河、前三门护城河、南护城河、筒子河，以及故宫内金水河、织女河、玉带河、菖蒲河。

　　长河自昆明湖绣漪桥起，经长春桥、紫竹院，至内城西北角护城河止，分为西、东二支。长河西支沿城南行为西护城河，经阜成门至西便门外，又分二支：一支入城为前三门护城河，经宣武门、正阳门、崇文门至东便门外头道桥汇入通惠河；另一支自西便门向西汇南旱河（今永定河引水渠）来水沿外城南行为南护城河，经广安门、右安门、永定门、左安门、广渠门至东便门外二道桥汇入通惠河。东支沿城东行为西北护城河，至德胜门西又分东南二支：东支沿城东行为东北护城河，

长河

经安定门至东北城角向南为东护城河，经东直门、朝阳门至东便门大通桥汇入通惠河。北京城护城河全长41.3千米。

内城河湖中，西北护城河南支经德胜门西铁棂闸城内水道总入口，注入积水潭（什刹西海），经德胜桥入什刹后海，过银锭桥入什刹前海，又分东南二支。东支经前海地安闸（澄清闸）入御河，经地安桥、望恩桥入暗沟过东交民巷入前三门护城河。南支自前海西压闸入北海，又分两支。一支经蚕坛闸过濠濮间出北海东墙，沿景山西墙外明沟入西北筒子河，经故宫内河入东南筒子河，经菖蒲河入御河暗沟；自西南筒子河经中山公园水榭湖、天安门玉带河、菖蒲河入御河暗沟。另一支经北海后门三海闸入北海，过金鳌玉桥（北海大桥）入中海，经蜈蚣桥入南海，出日知阁闸，经银丝沟、织女河入中山公园水榭湖，汇西南筒子河来水经天安门玉带河、御河暗沟入前三门护城河。

北护城河

北护城河自三岔口水闸至德胜门西松林闸，称西北护城河。长1.84千米，上接长河—转河来水，下接松林闸西铁棂闸—内城河湖进水口，是玉泉山水源向北京城的重要输水河（段）道。1958年以前，西北护城河沿河两岸垂柳成行，水流碧绿清澈，与河道北岸外侧的太平湖融成一体，是京城西北隅一个天然野趣的景区，是百姓市民休闲的好去处。后北京第一轧钢厂迁驻，取用河水，大量的轧钢废渣、废水直接排入河道，河床淤塞，水质污染严重。

自松林闸起，经安定门、东直门、朝阳门、建国门至东便门，称东北护城河，全长 10.91 千米。东北护城河河道宽深，为复式河床，是北太平庄、德胜门外地区及东城排泄雨水、污水的行洪排水河道。

1950 年，市卫生工程局先后疏浚了西北、东北护城河，新建松林闸。

1957 年，永定河引水进京后，北护城河成为东北郊工农业的输水河道。

1971 年修建地铁车辆段时，将太平湖填埋。

1977 年，北护城河上段改建工程开工。该段为城区河湖用水的主要供水渠道，原三岔口至德胜门长 1877 米，改道由第一轧钢厂北侧通过，西接长河下游转河暗沟，东行穿地铁车辆段（原太平湖）入北护城河。暗沟为单孔方沟，长 861 米，宽 7 米，高 3.67 米，因沟底比现状河底低，又进行了下游河道疏浚和松林闸改建。原在松林闸南侧，控制向内城什刹海、北海、中南海等湖泊输水的铁棂闸，因输水渠道与地铁线路交叉，故又将闸东移 200 米，与原松林闸左侧的"北郊四湖"进水闸结合，形成一个分水枢纽。松林闸改为单孔平板闸门，上游段 776 米为梯形河段，底宽 5.5 米，过流能力 51.5 立方米／秒。铁棂闸为单孔平板闸门，过水能力 11.3 立方米／秒，闸后以 283 米的暗渠与积水潭相通。此改建工程由北京市市政设计院设计，市城市建设开发总公司施工，1978 年 6 月完工。下段改建工程于 1981 年开工，自德胜门至东北城角，长 4995 米。河道采用直墙护岸，河宽 26 米，最大排洪量 90 立方米 / 秒。在安定门和北护城河入东直门暗沟进口处各建节制闸 1 座，东直门节制闸前形成一个小型湖面。由北京市市政设计院设计，北京市城市建设开发总公司施工，1985 年完工，总投资 4673 万元。

东护城河

东护城河起自东直门闸，至东便门外鸭子嘴大通桥入通惠河。主要排泄四海一带及朝阳门外、大雅宝地区的雨水。

1972 年开始改建东护城河，北起东直门的东北城角，南至雅宝路桥南侧，全长 4006 米。

1973 年决定兴建东直门、十条豁口、朝阳门、建国门 4 座桥梁，并将桥下河道改建成暗沟。因桥下暗沟又长又深，留下的明河段所剩无几，还要再次挖深，市政府决定将东护城河全部改建成暗河。

东护暗河进口建有东直门闸（枢纽），设计流量 60 立方米 / 秒。东护暗河全长 5230 米，流域面积 20.494 平方千米，出口设计流量 156 立方米 / 秒。全线分段断面尺寸：东北城角（起点）至东直门南，断面为双孔，宽 4.4 米、高 4.2 米，长 998 米；东直门南至体育馆路（四道下水道出口），断面为双孔，宽 5.0 米、高 4.2 米，长 660 米；体育馆路至朝阳门北，断面为双孔，宽 6.3 米、高 4.2 米，长 997 米；朝阳门北至建国门北（东总布胡同），断面为双孔，宽 6.5 米、高 4.2 米，长 1545 米；建国门北（东总布胡同）至建国门南（泡子河），断面为双孔，宽 7.0 米、高 4.4 米，长 670 米；建国门南（泡子河）至东便门大通桥出口，断面为双孔，宽 7.0 米、高 4.2 米，长 360 米。

西护城河

西护城河起自西直门北小村三岔口西闸，经阜成门、复兴门，至西便门东城墙下"三大孔"（城墙底下三个石拱券洞门），全长 5 千米。主要排泄平安里西大街、车公庄路、百万庄等地区的雨水。

1950 年，市卫生工程局在西便门东分流处建分水闸，控制向前三门护城河和南护城河分流。宽敞式行洪排水河道，中间"子河"排泄平日城市污水及上游来水，复式河床排泄洪水。两岸有滨河路，河床绿草如茵。1965 年兴建地下铁道时，将西护城河填埋改建成暗河，1973 年全部完工。

西护城河改暗河工程由市市政设计院设计，暗河位置基本在原河道中心线上。总流域面积 12.36 平方千米，总长 5612 米。暗河分段长度及断面尺寸：西直门以北长 785 米，断面为双孔，宽 2.5 米、高 2.5 米；西直门至车公庄，断面为双孔，宽 2.5 米、高 3.4 米，长 770 米；车公庄至百万庄，断面为双孔，宽 2.5 米、高 3.6 米，长 431 米；百万庄至阜成门，断面为双孔，宽 3.0 米、高 3.6 米，长 539 米；阜成门至月坛南街，断面为 4.0 米、高 3.6 米，长 1068 米；月坛南街至出口闸长 2019 米，均为闭合框架钢筋混凝土结构。

出口建节制闸一座，设计流量 97.9 立方米 / 秒。进口在西直门北滨河路北京北站货场南，与暗河交汇处建有进水闸一座，设计流量 5.0 立方米 / 秒。在城内侧穿过地铁做跨越式通道 7 条，每条长约 100 米；在城外侧做出入口，共有出入口 23 处。沿途共有主要进水口 16 处，如西直门团结大院合流管、阜成门外大街雨水管、西便门外大街雨水管等。西便门外东西向河道，因附近已逐步发展为居民区，由广播电视部投资，于 1985 年后将西护城河尾闾段改为暗河。

前三门护城河

明永乐十七年（1419），南移内城南城墙，新开南濠（即前三门护城河），西起西便门东城墙下"三大孔"，向东经宣武门、前门、崇文门至东便门出城过头道桥入通惠河，全长 7.7 千米。主要排泄今赵登禹路、太平桥、台基厂、北河沿地区及内外城沿河地区雨水、污水，还分担一部分西护城河来水。

1950 年，市卫生工程局进行清挖疏浚，总计完成土方 13.6 万立方米，改变了昔日污秽淤浅的状况。1956 年，配合永定河引水工程，市上下水道工程局组织施工，将宣武门以西长 1.73 千米和崇文门以东长 1.7 千米河段进行扩挖，河底展宽至 42 米，两段共挖土方 60 万立方米。宣武门东、西附近一段长 560 米河道，为保留原河道岸柳，挖成双河段，并形成不同水深的梯级水面，

前三门图

成为露天游泳场，同时建成甘雨桥分洪闸。1966 年，为配合地下铁道建设，并以备战为主要目的，将崇文门以西至西便门附近，长 5.6 千米河段改为暗沟，暗沟断面 4 米 ×2.2 米至 8.5 米 ×4.2 米。崇文门以东仍为明河。为维持水位，在原蟠桃宫喜凤桥东建橡胶坝 1 座。后因水质差、环境卫生恶劣，1975 年改为断面 8.5 米 ×4.2 米单孔混凝土暗沟，拆除了橡胶坝。至此，前三门护城河全部改为暗沟，暗沟可作为人防掩体，同时具备雨水排放功能。平时上游雨水和供水改由南护城河排、供。

南护城河

明嘉靖三十二年（1553）筑外城，始开挖外城护城河，南护城河起自西便门绕经广安门、右安门、永定门、左安门、广渠门，至二道桥入通惠河，全长 15.5 千米。

上游有西护城河来水，沿途在西便门角楼外有南旱河，在广安门南鸭子桥地区有莲花河汇入，是北京西郊、南（外）城及永定门外地区雨水、污水的总通道。

1950年，市卫生工程局第一次疏浚，清挖土方34.6万立方米，河道过水能力达到30立方米／秒。

1955年，疏浚凉水河时，将右安门城角至凉水河的排水沟疏挖成"泄洪道"（引河），可将西郊部分洪水分入凉水河。

1965年4月，在前三门护城河改成暗河后，市市政工程局又扩展南护城河。河底宽度22～28米，开挖土方250万立方米，兴建右安门橡胶坝，修建龙潭闸。为减少河道与铁路立交的矛盾，南护城河河口继续改道西行与前三门暗河汇流后入通惠河。由于东护（城）暗河、前三门暗河、南护城河三河的出口汇集于东便门，每遇大雨，排洪受阻，造成了城区和东便门铁路桥一带洪水严重积滞。

1987年，南护城河自下而上全线进行彻底整治，建成复式河床，下部为矩形断面混凝土结构，上部为斜坡草坪，滨河步道。

经过长期大规模的整治、改造，到1995年，原北京城城墙四周的护城河只剩南护城河、北护城河两条明河，比原来的北、东、西、南护城河和前三门护城河总长度减少50%以上，但防洪排水能力却有了很大提高，险工堤防全部加固，下水道排水受顶托，街道积水情况有所缓解。

筒子河

筒子河，开挖于明永乐年间，是紫禁城的护城河，也是皇宫的排水河道，全长3.5千米，水面宽52米。以午门、神武门为南北轴线，东华门、西华门为东西轴线，划分为西北、东北、西南和东南4部分。东华门、西华门和神武门的路面下，各有小涵洞连通，其断面仅为0.5米×0.6米。自北海公园后门东侧引水，经蚕坛、濠濮间出今北海公园，沿景山西墙外暗沟流入西北筒子河。其出水口有二：一个在西南筒子河南岸西端，通过一条0.8米×1.5米的石砌暗渠与织女河相通，暗渠长207米；一个在东南筒子河南岸东端，通过一条长522米的石砌明渠与菖蒲河相连。另外，西南筒子河东端有一矩形小暗渠，穿行午门广场之下进入

筒子河

太庙（今劳动人民文化宫），逶迤东南，经一小闸门入筒子河东南退水渠，其中暗渠长 497 米，明渠长 214.5 米。

故宫内金水河、织女河、玉带河、菖蒲河

故宫内有一条石砌明渠，上接西北筒子河，自西而东，经武英殿、太和门、文华殿、东华门以西至东南角西侧注入东南筒子河，名为内金水河，是紫禁城内的总排水渠，为明代修建紫禁城时新挖明渠。中南海退水自日知阁流出后即为织女河，进入今中山公园，经水榭出公园东墙入天安门前玉带河，过今劳动人民文化宫南门东侧菖蒲闸入菖蒲河，在南河沿入御河暗沟，中间有筒子河

内金水河

的东、西两退水渠流入。这一水系又称外金水河，是紫禁城的排水尾闾。

1950年，对织女河、玉带河进行初步治理。疏浚土方1.1万立方米，整修护岸360米。1958年12月，为配合天安门广场扩建，市市政工程局与中南海管理处共同对玉带河进行扩建，将原370米长的河道向两端各延长65米，总长达500米，流量达7立方米/秒。同时扩建中南海流水音水道，加建闸门；将织女河改建为长175米、宽2.6米的砖拱暗沟；展宽了中山公园内的479米明渠，疏浚水榭，在西岸开挖深水河槽；疏浚菖蒲河，使过水能力达11立方米/秒。全部工程于1959年7月竣工，投资约48万元。

1970年，中南海兴建"519"工程，中山公园内水系相应变动，除儿童体育场南侧一段明渠保留外，下游段全部改为暗沟，长267米，过水能力为10立方米/秒，直接进入水榭池。

1973年至1974年，为改善菖蒲河沿岸卫生状况和满足有关部门存放物资的需要，将菖蒲河上段260米河段改为暗沟，过水流量10立方米/秒，其北侧175米长的筒子河退水渠道也改成暗渠；1982年菖蒲河下段也改为暗沟。1982年，因玉带河南岸河墙受冻害有坍毁危险，对中山公园南门桥至劳动人民文化宫南门桥之间246米河岸翻修。当年12月开工，1983年4月27日竣工，投资120万元。1986年至1987年，先后在玉带河上游修筑通惠南路、玉带河大街，上面盖板修路，下砌排水沟。玉带河起点南移今址。

金水河

元至元十年至十五年（1273—1278）间开凿。起自养水湖的三孔闸（源出玉泉山），从和义门（今西直门）南水关入城，再入太液池（今北海），是皇家专用水道。为保水质清洁，管理极严，不仅"濯手有禁"，而且"金水河所经运石大河及高梁河、西河，俱有跨河跳槽"。明、清时期，养水湖垦为稻田后，金水河直接连到玉泉山南闸。自玉泉山南闸入南长河河口，长3.24千米。由于下游逐渐断流，河道湮废，上游便改道入北长河，保留段改称金河。1950年3月，市卫生工程局按过水能力4立方米/秒进行疏浚，并建桥、闸各一座。1984年至1990年，海淀区对金河进行清淤及闸门、启闭机维修，并新建桥和排水口各一座。

御　河

御河即元代开凿的通惠河位于"宫城"东侧的一段河道。元末明初，白浮瓮山河完全湮废，通惠河只剩下玉泉山泉水、西湖（昆明湖）为水源后，城内不能通航，便成为城内向南的一条重要排水河道。到明代永乐、宣德年间扩南城、皇城后，城内通惠河改成排水沟，又改凿入南城濠（前三门护城河），即明代御河。它是积水潭、什刹海排水的尾闾，进德胜门水关之水，可由御河

御河旧影

排泄。明、清时期，御河是城区中部、北部的排水主干渠。

御河起自什刹前海澄清闸，沿途桥梁很多，有地安桥、东步梁（压）桥、平板桥、骑河楼桥、安子桥、北平桥、东安桥、南平桥、天妃闸，全长4.8千米。中华民国年间，开始自南往北逐段改为暗沟。民国十三年（1924），自前三门护城河南水关到东长安街改成暗沟，出口段断面宽5.29米、高3.19米，东长安街处断面宽4.1米、高2.6米；民国二十年（1931）东长安街至望恩桥（东安桥）改成暗沟，断面宽3.07米、高0.95米（据北平市政府工务局《工务合刊》记载）。

中华人民共和国成立后，1951年至1952年全线疏浚，共挖土方2.85万立方米。当时，北京城的地表水源水量很少，什刹海不能经常向御河放水，御河除雨季排泄雨水，常年流淌的是沿岸居民排放的污水，环境卫生状况十分恶劣。1953年四海下水道下游干线修建完成后，御河在东不（步）压桥处已被截断，只留有直径0.5米的倒虹吸管，用以保持什刹海放水冲刷下游河道。

从城市规划上，御河已无须保留，河道肮脏污秽，沿河市民意见很大，市政府决定废除这条明沟，改成暗沟，并筑路（今北河沿大街）。20 世纪 50 年代，改造工程由市市政设计院设计，市上下水道工程公司第二工区施工，1956 年 11 月完工。御河改建成暗沟后，按城区排水系统，御河下水道被分做南北两段分流。

北段自椅子胡同口至北箭亭胡同北口，为四海下水道的北箭亭支线，长 1035.87 米，流域面积 37.61 公顷，断面为直径 0.7 ~ 1.1 米混凝土管。另有御河北河沿支线下水道汇入，长 452.6 米，1956 年 8 月 8 日开工，11 月 30 日完工。

南段为御河下水道干线，自椅子胡同口往南至东安门大街望恩桥，全长 1467.86 米，流域面积 93 公顷。因下水道基础全部在河底淤泥层上，为防止不均匀沉陷，全部用桩基，钢筋混凝土基础。下水道断面，自起点至汉花园为直径 1.1 ~ 1.5 米混凝土管。自汉花园往下为砖砌方沟，断面宽 1.5 米、高 1.7 米，钢筋混凝土盖板，望恩桥处断面宽 2.2 米、高 1.7 米。设计流量 6.06 立方米 / 秒。该排水系统包括：正义路雨水干沟 927 米，东黄城根南街干沟 839 米，东黄城根北街雨水管 1015 米，御河雨水干沟 529 米，总长 3310 米。

2003 年 1 月，按照《北京历史文化名城保护规划》和《北京皇城保护规划》，北京市城市规划设计研究院完成了《恢复北御河（后门桥—北河沿大街）工程规划》。北京筑合建筑设计事务所与北京建工建筑设计研究院于 2004 年 5 月完成了《北京御河北段历史文化保护与整治规划》。

2005 年 8 月，御河历史文化保护区保护修缮项目获批。修复御河河道工程起点为地安门外大街后门桥下游，沿帽儿胡同向南过地安门东大街，沿北河胡同向东至北河沿大街，全长1061米。御河被定性为城市景观河道，不承担防洪排水任务。河道平均上口宽15米，走向基本沿历史河道位置。河道两岸外侧设置约8米宽的保护带，作为河岸与临河建筑的退让空间。工程以开挖修复河道、完善交通体系及改善环境为主，对城市市政设施进行配套改造，同时对沿河四合院进行保护性改建，使该地区恢复老北京历史文化外貌，内部市政设施达到现代生活水平的要求，做到历史与现代的和谐统一。

工程于2007年8月开工，首先进行御河考古发掘，挖掘出700年前元明时期的御河古河堤遗迹。2009年进行文物回填，在河道遗址上方建景观河道并修砌河堤，增设了水生植物和观景平台，2011年10月，御河北段水道的修缮改造工程完成，700多年前"水穿街巷"的美景得以再现。

2017年8月，御河二期河段600余米改造提升工程完工，并增设了百余米长的运河文化长廊。

修复后的御河

北长河

北长河位于玉泉山东，由玉泉水汇流而成，是向昆明湖输水和向清河排洪的河道。输水属通惠河水系，排洪属清河水系。起自玉泉山北闸，终于青龙闸，长2千米。青龙闸起节制水流作用，闭闸则抬高水位，使玉泉山水得以进入昆明湖；提闸则分流泄洪，免受泛滥之灾。该河也是古代帝王于西湖和玉泉山之间游幸的龙舟水道。1966年京密引水渠建成后，青龙闸废。1975年玉泉山泉水断流后，北长河成为干河。1977年昆明湖分流工程借用北长河一部分河道，北长河终点改至三院闸的颐和园分水闸，河长缩短为1.2千米。流域面积3.4平方千米。1984年海淀区以20年一遇洪水的洪峰流量为标准进行疏挖，

京密引水渠源头

并加高、培厚了两岸河堤，疏挖土方1.2万立方米。1995年治理北长河时，与永丰渠相连通，治理长度4千米。

南长河

南长河亦称长河，是一条对北京城的形成和发展起过重要作用的河道，历史悠久。辽称高梁河，金称皂河，元称金水河、玉河，通过扩建并完善，成为通惠河的引水河段。清乾隆后称长河。元、明、清成为帝后通往西郊各行宫、御苑乘舟游览的御用河道。800 年来是北京城市供水、通航、游览观赏的重要河道，至今仍然是内城（今西城、东城范围）河湖供水的唯一水道。

长河起点为昆明湖出口绣漪桥，经长春桥、麦钟桥、广源闸、万寿寺、紫竹院、高梁桥、转河至三岔口闸，全长 10.8 千米。中

昆明湖绣漪桥

途汇金（水）河和紫竹院泉水。河道上有麦钟（庄）桥、广源闸、高梁闸桥等著名文物遗存。

1950 年 4 月，市卫生工程局按过水流量 6.8 立方米 / 秒进行疏浚，并修建三岔口分水闸。

1956 年修建永定河引水渠时，在双槐树村修建分水闸，开挖渠道至紫竹院公园汇入长河，取名双紫支渠，为内城河湖和东北郊工农业用水提供了新水源。

1966 年，京密引水渠各段相继建成，昆明湖至玉渊潭段，借用南长河绣漪桥至长春桥段河道（长 3.1 千米）扩宽加深，并在长春桥南建分水闸，名为"长河闸"，也成为长河起点。

1975 年至 1982 年，为修建地下铁道太平湖车辆段，废弃长河下游的"转河"河道，自高梁桥向东改建成穿越西直门火车站、长 760 米的矩形暗渠，设计流量为 48.4 立方米 / 秒。在暗渠两侧分别设有向西护（城）暗河、西北土城沟分水的闸门。从此，长河终点到高梁桥。主要排泄万寿寺东路、首体南路、西直门外原转河地区雨水。

南旱河

南旱河起自西郊四王府，经万安公墓、小屯村、罗道庄，过玉渊潭，在白云观北（今甘雨桥闸）分二支：一支东行入西护城河，一支东南行入南护城河，全长 17.6 千米，是排泄西山、香山一带山洪的河道。清代，在南平庄以北筑起左堤，以防洪水东下。1951 年 4 月至 10 月，市卫生工程局对此河进行疏挖，仍保留左岸土堤，过水能力增至 47 立方米 / 秒；下游通过玉渊潭调蓄，过水能力为 20 立方米 / 秒。1957 年，双槐树至西便门一段河道扩建成永定河引水渠道，过水能力按 45 立方米 / 秒设计。从此，南旱河即以双槐树为终点，总长减至 6.6 千米。同年，白云观入西护城河的支线被填平废弃，万安公墓以上河段弃河为田，南旱河起点改为万安公墓，全长缩为 5 千米。此后，由于年久失修，河道淤积，杂树丛生，严重阻碍行洪。1991 年至 1992 年春，北京市掀起"一河带十河"为中心的兴修水利高潮，南旱河是十河之一，也是海淀区重点治理河道，此次治理工程按 5 年一遇洪水设计、10 年一遇洪水校核，疏挖出的淤泥共约 9 万立方米。治理范围为南平庄上游 4 千米，右岸筑堤，南平庄桥以下修滨河路。治理后的南旱河可发挥泄、截、蓄的功能。

二道沟

　　二道沟位于朝阳门外，是亮马河与通惠河间的主要排水沟。西起东大桥一带，向东流泄，在八里庄、太平庄折向南流，在高碑店闸上游汇入通惠河。该沟全长约 7.5 千米，流域面积约 18 平方千米，主要排泄工人体育场、团结湖、东大桥地区雨水。

1959年修建北京工人体育场水系时，其泄水道与二道沟上游连通，补水渠与亮马河相接，从亮马河向该水系补水。

1965年东郊热电厂修建大循环水系，二道沟下游成为大循环水系的一部分。二道沟上端在1959年疏挖成东大桥湖，1970年修建地铁时被填平，以明渠上接工人体育场湖泄水渠，下连二道沟。二道沟是工人体育场湖、团结湖及"红领巾"湖的排水河道。

1972年至1975年，将体育场湖至东大桥一段（长401米）明渠改建成暗渠。为改善地区环境和建设城区居民拆迁周转用房，1975年，市政府决定将二道沟上游段，即朝外东大桥路经东三环路至针织厂路（金台西路）改建成暗沟，沟上修路，两侧修建雨水、污水管，沟外侧兴建住宅楼，共分三个阶段完成。

东大桥路至东三环路段，长881.5米，为砖砌方沟，结构为混凝土基础，两侧100号砖砌墙，顶部为钢筋混凝土盖板。断面尺寸宽4.5米、高3.0米，设计流量为18.2立方米/秒。1976年4月竣工。

东大桥路段，长110.51米，配合东三环道路加宽工程同期施工。结构为钢筋混凝土基础，侧墙为水泥砂浆砌砖，厚62厘米，盖板为200号钢筋混凝土预制板。暗沟断面尺寸宽4.5米、高3.0米。1981年7月竣工。

东三环路至针织厂路（金台西路）段，长711.48米。为砖砌方沟，结构为钢筋混凝土基础，侧墙为水泥砂浆砌砖，厚62厘米，盖板为普通钢筋混凝土板、预应力混凝土板和预应力实心板。断面尺寸宽 4.5 米、深 3.0 米。1983 年 7 月竣工。

二道沟上游明沟改暗沟段全长 1703.49 米，总流域面积 590.22 公顷，设计流量为 27.8 立方米 / 秒。由市市政工程管理处负责管理。1985 年至 1986 年，金台西路至金台东路（长约 400 米）沟段做了全断面混凝土方砖衬砌，金台东路以下仍为土明渠。为减轻高碑店闸泄洪负荷，1980 年至 1983 年，在朝阳路北建成二道沟泄洪闸（两孔），一孔向朝阳路方沟分水，设计流量为 34 立方米 / 秒；一孔仍供热电厂循环水系输水，排入高碑店湖。

凉水河

凉水河源于丰台区后泥洼村，流经丰台区、大兴区、通州区，于榆林庄闸上游汇入北运河，是北运河的主要支流。全长 58 千米，流域面积 629.7 平方千米。

凉水河曾为永定河下游分支河道，因地势平旷，河道摇摆不定，源流多变。元代即为大都（今北京）城南泄洪河道，源于丰台区义井；因是独立于永定河的新河道，曾名新河；因水质清澈，又名清泉河。明代，浑河（今永定河）水自看丹口注入凉水河，泥沙俱下，故又名浑河，分段称鄷河、黄汢河。清代始有凉水河之称，其源在右安门外水庄头的凤泉。

凉水河有草桥河、马草河、马草沟、大羊坊沟、萧太后河等支流。20 世纪 50 年代中期拓宽治理后，河道上建有大红门、马驹桥、新河、张家湾 4 座拦河闸，可蓄水 400 多万立方米，灌溉农田 20 多万亩。

清雍正四年（1726）兴修畿辅水利，将凤河下游至武清县埝上（侯尚）村段淤堵，另开新河分引凉水河水自高古庄东南流至埝上入凤河，时称凉水新河，雨季可排泄两岸沥水，旱时可开渠灌田。乾隆三十八年（1773）疏浚凉水河时，改源右安门外西南凤泉（泉在水头庄），东流至万泉寺，至永胜桥东南流，沿南苑垣墙东流，到小红门西入苑内，东南流经沙底桥至鹿圈村，又东南过马驹桥至张家湾入北运河。此次疏浚超过 10 千米，自凤泉至南苑增筑水栅两道。又自栅口至马驹桥疏浚超过 16.67 千米，整修旧桥闸 9 处，建新闸桥 5 座。

凉水河

1952 年，曾对凉水河进行治理。1954 年至 1955 年，河北省和北京市共同出动 5000 名民工再次治理凉水河，主河道按 10 年一遇洪峰排水标准疏挖。将上游原入南护城河的莲花河，改道汇入凉水河，万泉寺桥处设计流量 55 立方米 / 秒；马驹桥以上新凤河汇入后，设计流量为 140 立方米 / 秒。马驹桥以上，疏挖了与城区排水有关的小龙河、草桥河、马草河等，同时开挖了南护城河向凉水河分洪的引河（泄洪道），以减轻南护城河的排水负担。另外，自南大红门至马驹桥，开挖一条新凤河，使南大红门以上凤河改道入凉水河。市农林局和市上下水道工程局分别组织施工。共完成土方 90 余万立方米，新建和整修桥梁 24 座、涵洞 2 处、过水路面 3 处，投资约 130 万元。马驹桥以下由河北省通县专区组织施工。1959 年汛期，凉水河流域平均日降雨 200 毫米，相当于 20 年一遇降水，超过了 1955 年治理标准，致使洪水漫溢。

1960 年 1 月，根据《"北四河"规划纲要》，决定对凉水河再治理，由北京市减河工程指挥部组织施工。因排涝工程规模浩大等原因，中途停工。1961 年 4 月，市市政工程设计院重新提出整治凉水河设计方案，5 月，市减河工程指挥部重新组织施工。工程项目主要有：疏浚新凤河；扩挖南大红门至马驹桥长 9.3 千米河道并培修南堤；兴建建筑物 5 座；新建库容 130 万立方米的李营滞洪区及泄水闸 1 座；骚子营开卡及培修长 28 千米的南堤；培修马驹桥以下至水南村北堤；改建马驹桥，由 7 孔扩为 14 孔；对一些涵闸进行改建、扩建，并建一部分新涵闸。经整治，流域面积达 629.7 平方千米，成为北运河的较大支流之一，也是市区西部和南部的主要防洪排水河道。沿河建铁路桥、公路桥、拦河闸及岸边建筑物数百座。但大红门以上河道断面仍然窄小，排水能力仅为 50 ~ 100 立方米 / 秒，低于 5 年一遇洪水的防洪标准，且多淤塞，排水受阻。为此，1987 年扩建大红门闸，4 孔，每孔净宽 8 米，按 20 年一遇洪峰流量 286 立方米 / 秒设计、50 年一遇洪峰流量 472 立方米 / 秒校核。闸右岸建凉凤灌渠进水闸，2 孔，孔宽 2.5 米，引水流量 8 立方米 / 秒。1988 年 10 月竣工，投资448.4 万元。

1988 年 5 月，为解决西罗园居民区排水问题，对马家堡京津铁路桥至大红门闸长 4.5 千米的凉水河进行治理。过水能力按 20 年一遇的洪峰流量设计（施工时未达到设计标准），京津铁路桥至马草河入口为 94 立方米 / 秒，马草河入口至大红门闸为108 立方米 / 秒。项目工程有：疏浚河道、护砌边坡、修建 3.5米宽滨河路、种植河道树，新建桥梁 3 座、改建 5 座，修建雨污水管道。由市水利规划设计研究院设计，市第一、第二水利工程处、市水利机械施工处施工。1989 年 10 月开工，1991 年汛前完成，投资 1275 万元。

1991 年元月下旬，对凉水河上段，祖家庄大佟桥至京津铁路桥长 2024 米河段进行疏挖、衬砌、改建，新建涵管 26 处、人行桥 1 座，河道两岸铺设宽 5 米的沥青混凝土路面。市水利规划设计研究院设计，市水利工程基础处理总队施工。1992 年 4 月完工，总计挖运土方 28.5 万立方米，清淤 6 万立方米，回填土方 4.1

万立方米，浇筑混凝土 5220 立方米，混凝土板铺砌 5.9 万平方米。投资 1046.62 万元。大红门闸以上经两期治理，河上口及边坡均按设计施工，河底高程留有 1.2 米未挖至设计河底，过水能力以 10 年一遇的洪峰流量为标准设计。

1991 年冬，在"一河带十河"的冬修水利工程中，将凉水河整治作为主要战场，10 月 29 日动工。北京市成立凉水河整治工程指挥部，动员社会各界投资、投劳，各自承担一段的任务。在一个多月时间内，完成新凤河导流和凉水河全长 45 千米河道疏挖清淤工程，总计完成土方 1300 万立方米。先后投入 3000 多台大型机械和人工 100 多万人次，约计 5.26 万个台班和 124.48 万个劳动日。城区出动 9.56 万人次的义务劳动大军。11 月 12 日，工地举行凉水河整治工程青年突击队活动誓师大会，398 支队伍 33820 名青年参加"赛思想、赛任务、赛安全、赛进度、赛质量和争优胜"活动。当日，解放军各总部，北京军区 100 多名将军、驻京 11 个大单位的指战员怀着"驻首都、爱首都、建首都"的愿望，参加了治河劳动。这一工程开创了北京地区"水利为社会，社会办水利"，依靠社会力量进行水利工程建设的新局面。经过三年时间的全面治理，凉水河的防洪能力达到如下标准：10 年一遇的洪水位不淹没雨水管顶，可保雨水顺畅排出；20 年一遇洪峰流量 303 ~ 634 立方米 / 秒，洪水水位平地面；50 年一遇洪峰流量 497 ~ 967 立方米 / 秒，洪水水位不漫堤。

2001 年，凉水河综合治理列入北京市"十五计划"和奥运环境工程，要求河道按 20 年一遇洪水设计、50 年一遇洪水校核。

干流治理范围自上游人民渠至入北运河口，全长 68 千米。一级支流包括水衙沟、丰草河、马草河、旱河等 9 条河道，支流总长 120.5 千米。工程分期分段实施。

2002 年，亦庄开发区首先对凉水河规划五环路至马驹桥段 8797 米河道进行了治理。按照规划扩宽现状河道并筑堤，采用混凝土护坡、浆砌石挡墙，用彩色方砖铺装人行步道，新建雨水口工程及橡胶坝工程。工程于 2002 年 4 月 14 日开工，12 月 30 日完工。

2003 年 12 月 22 日，开始对凉水河新开渠西四环路—万寿路段河道进行治理。治理河道全长 1714 米，南岸建设 5 米宽沥青巡河路 8331 平方米，采用河湖石置景，新型生态墙壁砖护岸、鱼巢砖、多孔砖护坡、植草，实现堤坡两岸绿化。工程于 2005 年 4 月 25 日完工，共开挖土方 15 万立方米，铺设生态砖护坡 28025 平方米，使用生态墙壁砖 16772 块，共投资 2818 万元。

2004 年，经市发展改革委批准，对人民渠、新开渠上段河道进行整治。起点为石景山区西部白庙村首钢污水处理厂尾渠，终点为万寿路暗涵入莲花河处。原新开渠起点石槽桥以下渠道北移改线。主要完成 6.7 千米河道清淤、8.4 千米地下管线改移、岸坡修整绿化、局部景观建设、增建截污设施等。治理后，河道行洪能力达到 15 ~ 30 立方米 / 秒，两岸污水通过市政管网入污水处理厂处理后入河，实现达标排放。工程于 2004 年 2 月 10 日开工，4 月 30 日完工，总投资 2000 万元。共完成清淤 5.5 万立方米、垃圾清运 2.5 万立方米、浆砌石 1268 立方米、干砌石 1136 立方米。

2004 年至 2007 年，对西客站暗涵出口—旧宫桥段河道进行了综合整治，长 19.3 千米。工程分两期实施，一期为西客站暗涵出口—大红门闸，二期为大红门闸—旧宫桥下游亦庄开发区 1 号橡胶坝。设计行洪断面充分考虑雨洪利用和支流滞洪控泄作用，按照宜宽则宽、宜弯则弯、人水和谐、保持自然河道的原则，河道、坑塘、湖泊、湿地统一规划，治河与治污同步实施，实行生态治河，逐步恢复生物的多样性，还清水质，河道分段形成观赏水面或绿地景观。主要建设内容包括河道展宽、疏挖、清淤，以生态方式进行河坡护砌；3.2 千米西客站暗涵清淤；改扩建雨水口 245 座；新建万泉寺、洋桥橡胶坝；改扩建大红门闸；新建莲花河暗涵出口跌水。由于河底降低、河道扩挖，故改建桥梁 5 座、防护铁路公路桥 17 座。两岸新建和恢复滨河路 35.7 千米，河道管理范围内绿化美化面积 52 万平方米，在珊瑚桥以下河道建设潜流型湿地 2800 平方米。工程于 2004 年 10 月 15 日开工，主体工程于 2007 年 11 月 20 日完工。共完成土方及淤泥开挖 110 万立方米，种植乔木 9909 株、灌木 18.24 万株、地被植物 28.87 万平方米，铺设多孔植物墙壁砖 3.1 万块、生态护坡砖 2.5 万平方米、多孔植物生长砖 8619 平方米、生态鱼巢砖 1.7 万块，抛石 2.2 万立方米。上述工程共投资 2.82 亿元，其中利用世行贷款 6612 万元，建设征地补偿及移民安置费用由河道沿线各区县政府负责协调解决。本次治理后，基本达到规划防洪标准，20 年一遇洪水基本不顶托城市主要地区排水，局部地区积水不超过 3 小时；50 年一遇洪水不出槽。

2007 年，对凉水河支流马草河进行了综合整治。马草河是丰台区南部重要行洪河道，起点为京津铁路涵洞，在洋桥东侧汇入凉水河，全长 13 千米，流域面积 31 平方千米。马草河原属农田排涝河道，随城市扩展已演变为城市行洪河道。为解决流域内排水不畅问题，分两期、按规划对京开高速公路以东的马草河进行了治理。一期工程于 2002 年 4 月 15 日开工，次年 6 月底完工；二期工程于 2007 年 4 月 23 日开工，6 月 30 日完工。总投资 4.8 亿元。治理后马草河达到 20 年一遇洪水设防标准，解决了该流域 10 余平方千米的排水问题。

萧太后河

凉水河支流萧太后河，古称蓟水。辽定都南京（今北京），

萧太后河

萧太后为漕运疏挖后，故名。明代，又称文明河。其源于北京市左安门东南，流经朝阳区南磨房、十八里店、西直河，于通州台湖乡口子村入境，于张家湾注入凉水河。流经通州境内 9 千米，流域面积 20 平方千米。河床均宽 8 米，堤防长 12 千米，排洪能力为 55 立方米 / 秒。境内防洪除涝面积 13.33 平方千米。是北京市东南部与通州西部的主要排水河道。

莲花河

莲花河，位于广安门外，水源来自莲花池泉，古称洗马沟。蓟城、幽州以洗马沟为城市水源。金天德三年（1151），海陵王下诏，扩建南京城池宫室，将辽南京城东、西、南各扩 1500 米，遂将洗马沟的一段圈入城内，并流入皇家苑囿同乐园和西华潭（今广安门南），然后从龙津桥下向东南流出城外。明代开挖南护城河时，将莲花河改入南护城河，纳入通惠河水系。

1951 年至 1952 年，市卫生工程局分三期疏浚莲花河，新建、整修桥涵 34 座，跌水 7 处，河道流量增至 25 立方米 / 秒，并在莲花池以上新开一条长 8.54 千米排水渠（称"新开渠"），以解决石景山区和新市区一带雨水、污水排放问题，设计流量 7 ~ 13 立方米 / 秒。工程总土方量 25 万立方米，附属建筑物 74 座。投资 40 万元。1957 年再次治理时，将莲花河改入凉水河。

1990 年 5 月，对莲花河全线进行治理。木楼村至万泉寺桥长 4.93 千米河道，按 20 年一遇洪水设计，50 年一遇洪水校核。1992 年 4 月工程完工，共挖填土方 40 万立方米，浇筑混凝土 6700 立方米，浆砌石 1.27 万立方米。提高了莲花河的防洪能力，解决了两岸的排水出路。

1986 年至 1987 年，对新开渠分两期进行治理，过水能力按 30 立方米 / 秒的标准设计，治理长度 8.2 千米。完成土方 12 万立方米，建跌水 5 座、桥梁 3 座、闸 1 座，建直墙护坡、浆砌石护坡 1.22 万立方米，混凝土板衬砌 1.2 万平方米。投资 456 万元。

1992 年，为配合北京西客站建设，将新开渠莲花池公园以西至南蜂窝桥长 1473 米渠段改为暗沟，在南蜂窝桥下游 300 米处入莲花河。暗沟为 2 孔，5.6 米 ×3.2 米钢筋混凝土方涵。后又将暗沟上延至万寿路桥下游 15 米处，暗沟全长 3237 米。4 月动工，翌年 10 月 20 日竣工。

坝　河

坝河，元代亦名阜通七坝，或阜通河，因河道内建坝得名。据考证，坝河曾是高梁河东段北支故道。《析津志》一书记载："高梁河……由和义门入钞纸坊泓淳（今新街口外一带），逶迤自东坝出。"高梁河这一分支，金大定五年（1165）曾用来通漕，名通济河。后因水源不足，漕运线路并不通畅。元中统三年（1262）八月，都水少监郭守敬奏议："中都旧漕河东至通州，权以玉泉水引入行舟，岁可省僦车费六万缗。"玉泉水入坝河后，水源有了保证，促进了漕运发展。后来，开凿了金水河，玉泉水大部分专供皇宫使用，入坝河水量减少，漕运受到影响。元至元十六年（1279）不得不大修坝河，西起元大都光熙门，东至温榆河，筑拦河坝7座，分成梯级水面，分段行船，改行驳运。全年运量由30万石增至80万～90万石。至元三十年（1293），通惠河竣工后，漕运大部分由通惠河承担，但运量仍不能满足需要，坝河还发挥着重要作用。郭守敬曾提出自积水潭东岸澄清闸引水向东北接济坝河的建议。元大德三年（1299），罗璧疏浚阜通河，并展宽河道，坝河与通惠河共同承担大都漕运。大德五年（1301），

坝河（一）

洪水冲决坝堤 60 余处，同年抢修完毕。但京畿漕运司"恐霖雨冲圮，走泄运水"，要求对坝河的"河堤浅涩低薄去处"全部加以修理。修理工程自翌年五月四日开工，至六月十二日完工，共完成 6 座坝的 19 处加固任务，用工 3 万多人次。这次治理后，漕运量增至 110 万石。

元末，坝河水源锐减，河道淤积严重。至正九年（1349）春，"以军士、民夫各一万浚之"。但这时坝河问题很多，"船户困于坝夫，海粮坏于坝户"，至正十二年（1352）"舟不至京师"。后虽偶有通航，但日益衰落。

明、清建都北京，玉泉水难以济坝河漕运，坝河逐渐变成城区东北郊的一条排水河道。起自北护城河与东护城河相接处，经东坝、西三岔河入温榆河，全长 27.8 千米，流域面积 148 平方千米。整个流域地势比较平坦，城郊附近多苇塘、窑坑，如水碓湖、南湖渠湖等。坝河主要支流有北小河、北土城沟和亮马河。先汇入北小河后进入坝河的沟有仰山南沟、大屯沟、大望京沟、跑马沟等。呈羽状按西北至东南或西南至东北汇入北小河，然后经坝河向东汇入温榆河。因排洪能力低，导致雨季经常泛滥成灾。

1950 年初，经市郊区工作委员会设计，于 1950 年至 1952 年将坝河干流及其支流北小河，按 5 年一遇排水标准疏浚，干流最大流量 83 立方米/秒。楼梓庄以上河段由北京市施工，以下河段由河北省施工。工程总土方量 95 万立方米，投资以工代赈粮 21.48 万斤。1966 年，朝阳区按 10 年一遇洪峰排水标准，疏挖了北岗子至河口 12.2 千米的一段河道，最大泄洪能力增至 139

坝河（二）

立方米／秒，并建成北岗子、楼梓庄和东坝3座水闸，疏浚土方52万立方米。投资33万元。

1971年，又将楼梓庄至河口一段进行疏浚，设计标准提高到20年一遇，最大排洪量增至247立方米／秒，并扩建了楼梓庄闸，新建了沙窝闸，在马各庄、沙窝修建了排灌站。疏挖土方55万立方米，投资41.8万元。后来，由于太平湖被占及和平里小区建设，使北护城河洪流量增大。为了不影响城区排水，又不加重通惠河的排洪负担，决定在东护城河与北护城河相交处开挖分洪道，建分洪闸，向坝河分洪，流量30立方米／秒。

1975年，全面治理坝河工程开始，主河道从北护城河东北角处至楼梓庄，长18.2千米，与支流北小河从安定路至三岔口，长16.6千米河道同时治理。由朝阳区水利局设计并施工，标准是20年一遇洪水位平地面，50年一遇洪水不漫堤。全部工程于1978年完成，共计挖土方180万立方米，新建、改建桥、闸涵和排水站共73处。投资630万元。

1990年以来，为配合亚运会和城市总体规划建设，朝阳区对坝河的有关河段进行了治理，1990 年至 1995 年共治理河道 2.8 千米。

1992 年，北京市水利规划设计研究院根据北京城市总体规划要求编制了"坝河水系整治工程规划"，提出坝河及支流北小河、亮马河下游按 20 年一遇洪水设计，其水位不淹没城市主要雨水管出口内顶高程，按 50 年一遇洪水校核。按城市风景观赏河道要求，疏挖河道并衬砌，改建旧闸，新建橡胶坝，修滨河路，植树种草绿化美化。1993 年、1996 年、2002 年、2003 年，朝阳区水利局按照上述规划标准，分期、分段（120 ~ 3000 米不等），分项目对坝河进行治理。

2006 年，对北岗子桥—温榆河入口段 10.65 千米河道进行水环境治理。工程作为奥运承载区水环境治理工程子项目，也是利用世界银行贷款改善区域水环境的工程项目。治理注重河道生态和自然景观建设。共改建桥梁 4 座，新建橡胶坝 2 座、水闸 4 座，新增水面 11.9 万平方米，新增绿地面积 25.76 万平方米。河道护砌广泛采用铅丝石笼土笼箱、机织土工布、生态墙壁砖、生态护坡砖、土工石笼织布袋、格栅石笼、土工三用网等新型生态护坡材料固定岸坡，确保生物有栖息空间。同时，恢复了"郑村码头""漕州催渡"等历史人文景观。工程于 2006 年 3 月 20 日开工，2007 年 12 月完工，总投资 2.48 亿元。2009 年获全国水利建设最高奖项——大禹奖。

亮马河

亮马河，西起北京东北城角，东流至西坝村入坝河，全长约 10 千米，流域面积 14.25 平方千米，是坝河的重要支流，亦是城区的排水通道。

20 世纪 50 年代初期，曾对亮马河进行过疏浚，但标准不高。1981 年 11 月，疏浚中下游段——三环路东侧壅水闸至坝河口，长 6.6 千米。过水能力按 20 年一遇洪水的最大流量 32 立方米 / 秒的标准设计。共完成疏浚土方 11.5 万立方米，筑堤填方 9.7 万立方米，完成土石方、混凝土 22.45 万立方米，修建桥梁 11 座，闸、涵等 30 余座，用工 7.8 万个。投资 194.38 万元。同年底至第二年 4 月，治理亮马河上游下段，疏挖亮马桥壅水闸至新东路桥，长 950 米，主要工程是河床清淤，边坡衬砌，整饰两岸。此段河底宽 34 米，两岸铺设人行步道，进行绿化。共挖运土方 34 万立方米，浆砌石护砌 4232 立方米，铺步道 6501 平方米。治理后过水能力达 52.6 立方米 / 秒。新建排洪能力为 35 立方米 / 秒的暗沟约 1 千米。共投资 500 万元。

1984 年 1 月至 1985 年 6 月，治理亮马河上游新东路桥至香河园路段的河道，长达 1223 米。市市政设计院设计，主要工程包括疏挖河道，清淤、衬砌护岸，铺人行步道，建污水截流管，绿化等。用工 7.5 万个工日。

按照 1992 年坝河整治规划，亮马河治理标准为 20 年一遇洪水设计、50 年一遇洪水校核；20 年一遇洪水位不淹主要排水口内顶。1995 年 11 月至 2001 年 5 月，朝阳区连续多年，分段对河道进行清淤、衬砌、维修巡河路、治理排水口、增设护网，陆续治理河道约 7.2 千米。2003 年 3 月至 12 月，改建原亮马河壅水闸。在河道右侧新建平底板开敞式节制闸，标准为 20 年一遇洪水设计，50 年一遇洪水校核。在节制闸的左侧新建一座船闸。船闸闸室净宽 6 米，全长 95 米，可通过乘坐 30 人的游船，船闸不过洪水。两闸融防洪、蓄水、通航等功能为一体，由计算机集中控制。

2005 年开始，实施亮马河东北城角至造纸厂船闸段河道综合治理。工程西起东北城角，东至香河园路。主要内容包括新挖东北城角至造纸厂船闸 560 米河道，复式河床，河底宽 11 米，河道上开口宽 26.6 米；拆除坝河分洪闸，新建一座 6 米宽的节制闸及一座 2 米 ×2 米的分水闸，新建一座 6 米宽的船闸；整修部分河道岸墙，绿化岸坡，整治湖心岛，配套自动化控制设施等。工程于 2009 年底完工。总投资 4087 万元。工程完成后，北护城河向坝河分洪的能力大大提高，水环境明显改善。

2006 年，按照坝河治理规划，结合城市生态环境治理要求，对亮马河四环路以上 5.6 千米河道进行治理。改造后，亮马河过水能力达到 20 年一遇洪水流量设计、50 年一遇洪水校核标准。水质达到Ⅳ类水体。

2009 年，为配合电子城二期开发，改善水环境，提高行洪能力，实施了驼房营—外环铁路段水环境改善工程。治理河道 281 米，改建桥涵一座，同步实施了绿化，2010 年底完工。

土城沟

土城沟原为元大都护城河，明代废弃，现保留部分是自明光寺经黄亭子向东，过祁家豁子，穿德（胜门）昌（平）公路至光熙门村入坝河，是京城北部排水河道，长约 10 千米。出口最大排水能力为 33 立方米／秒。以德昌公路为界，分为西北土城沟和东北土城沟。

西北土城沟自北护城河暗沟北侧设闸引水（设计流量 2～3 立方米／秒），沿西直门北大街经学院南路至明光村入明河段，过蓟门桥后向东经花园路桥、塔院至祁家豁子闸。平时向东穿昌平路向东北土城沟输水；汛期大雨时，西部径流改向北经暗渠入

北土城沟

小月河向清河分洪。

东北土城沟自祁家豁子经安外小关闸、新东街折向南，过三环路入坝河。小关闸主要作用保持控制安外小关至昌平路段河道水位。在三环路北，北土城沟东侧墙设有分水闸，因小关暗沟、和平里货场铁路桥及三环路立交涵洞为三座原有建筑物，断面窄小，该分水闸可向北三环雨水方沟分洪的能力为6~8立方米/秒。

1978年至1980年，朝阳区治理4.1千米，最大排洪量达24立方米/秒，投资170万元。1984年底开始，治理土城沟和小月河，自北护城河引水经学院路雨水暗沟进入底宽15米的明渠，过德昌公路入坝河。市市政设计院设计，市城建总公司施工，1989年竣工。工程投资1.1亿元。治理后，将德昌公路以西的西北土城沟与小月河划入清河流域；德昌公路以东的东北土城沟仍属于坝河流域。

北小河

北小河是坝河的最大支流，原发源于安定门外小关地区，流经大屯、金盏、东坝，在岔河村西汇入坝河。全长15.83千米，流域面积达66平方千米。1996年初至5月底，实施北小河暗涵改造工程，将大屯CD小区规划范围内北苑路至安立路河段，改移至辛店南侧至北苑路南暗涵口，原北小河安立路至北苑路河道及清河导流渠大屯扬水站至豹房桥河道废弃。1999年11月，治理关庄闸下高尔夫球场段400米河道。2002年9月底开始，朝阳区政府实施望京段综合治理工程，治理京承高速路至五环路望京橡胶坝段 3.8 千米河道。按城市河道标准实施绿化，建设配套景观工程；治理工程按 20 年一遇防洪标准设计，50 年一遇校核；河道采用梯形复式断面，底宽 21 米，上开口宽 27 米。利用望京开发区规划路作为巡河路；岸边设栏杆、座椅、喷泉等，成为望京小区居民休闲健身的场所。共建成橡胶坝 2 座；甬道 2 万平方米，人行桥 5 座；景观小区 16 处；亲水平台 25 座，面积 8700 平方米；建成绿地 20 万平方米。总投资 5100 万元，其中社会资金 3000 万元。2003 年 6 月，按照"治理一段，还清一段"的原则，朝阳区铺设引水管道 4.8 千米，将北小河污水处理厂处理后的二级水引至关庄闸流入该河段，以满足望京段河道景观用水要求。2007 年 2 月，作为北京奥运会承载区水环境治理工程子项目和北京"08"工程附属项目，朝阳区利用世界银行贷款，对北小河北苑路—来广营铁路桥和大望京橡胶坝—北小河入坝河口两

北小河

段共 11.8 千米河道进行水环境治理。新建桥梁 7 座、拦河闸 2 座、橡胶坝 2 座，同时完成对两岸巡河路的建设及绿化美化。

2009 年 7 月，对北小河嘉铭园段 1.2 千米河段实施截污和引水工程，在沿岸小区修截污管 220 米，将污水截入污水管网；铺设引水管线 1150 米，将下游污水处理厂退水引到上游，日均引水量 2 万 ~ 4 万立方米，作为河道景观水源，同时在河中种植水生植物 1500 平方米，提高河道自净能力。至 2010 年底，北小河水基本还清。

清　河

清河，清代名会清河，位于北京城北部。据考证，历史上永定河出石景山后，曾流经清河一线，与温榆河为一水体。据《水经注》记载，这条线路从高梁河西段上游，导水入清河上游支流肖家河，或万泉河，由清河入易京水（今北沙河），后入温榆河。永定河南移后清河水量减少，河床变窄。清代定都北京后，诸旗军多驻在清河镇附近。为运军粮供清河一带驻军，漕运重点也随之转移。清康熙四十六年（1707），"开会清河，起水磨闸，历沙子营，至通州石坝止。中建七闸，闸夫一百二十名，运通州米由通流河至本裕仓"。本裕仓位置，约在今清河镇东南一里余的仓营村。康熙五十一年（1712）议准："通州石坝至沙子营河道淤浅，每年中流酌量挖深，以利漕运。"四年后又奏准："凡榆河遇淤，归入北运河岁修。"自此以后，从通州经沙子营至清河镇，全线都得到岁修保证。约在光绪初年，漕运停止，清河便成为城区排水、排洪河道。

清河上游有二支流：一为西山下泄之山洪、泉水，沿北旱河进入；一为玉泉山泉水，沿北长河过青龙闸，与北旱河汇流进入。清河主干经圆明园、清河镇、立水桥入温榆河，长约 28 千米，流域面积达 150 平方千米。中途有万泉河、小月河等支流汇入，水量充沛，但河道窄浅，排洪能力低，雨季常漫溢出槽，灾及两岸。

1951 年，市郊区工作委员会组织 5500 人，对海淀区肖家河至朝阳区立水桥长 19.8 千米的河段进行疏挖治理，动土石方 16.25 万立方米。立水桥以下至温榆河口 8.4 千米由河北省组织人力疏挖，动土方 33 万立方米。1959 年，建清河闸一座，壅水灌溉。1963 年大雨，清河流域受暴雨侵袭，沿河不少单位被淹，立水桥交通中断。

进入 20 世纪 70 年代后，流域内城市建设发展较快，排水问题亟待解决。1977 年，市政府决定全面治理清河及其支流万泉河与小月河。干流工程由市水利勘测设计处设计，万泉河及小月河工程由市市政设计院设计。1978 年，成立市清河治理工程指挥部组织施工。干流按 20 年一遇洪水标准设计，万泉河河口以上设计流量为 96.6 立方米 / 秒，小月河入口为 191.4 立方米 / 秒，干流出口为 316 立方米 / 秒。原河道有 7 处裁弯取直，河坡均做了块石、混凝土板或碎石护砌，两岸修筑滨河路并植树；新建肖家河、树村、清河镇、羊坊、沈家坟等节制闸 5 座，下清河和立水桥外环铁路桥闸各 1 座。1985 年上半年全部完工。共完成土方 420 万立方米。投资约 7700 万元。参加主河道工程建设的有市水利、市政、建筑等专业施工队伍，昌平、朝阳、海淀 3 个区县数万名民工。1992 年，在体育学院东桥下游建橡胶坝 1 座，长 31 米。1995 年，改建桥梁 2 座，并衬砌桥上下游河坡 2 千米。

1999 年，市政府提出，在 21 世纪初要将清河建成环境优美、水质清洁、景观丰富，既能满足未来城市排洪要求，又能满足两岸居民休憩娱乐需要，还能体现中关村科技园现代风貌的城市河道。当时北京城市规划设计院编制的"清河治理工程规划"，其主要内容为：河道治理按 20 年一遇洪水设计，水位不淹主要雨水管内顶；按 50 年一遇洪水校核，超高 1 米筑堤；水闸都按 50 年一遇洪水设计；跨河桥梁底按 50 年一遇水位超高 0.5 米设计。河道断面：安河闸—清河老河道段河底宽 10 米，清河老河道—下清河闸段河底宽 30 ~ 54 米；下清河闸至沈家坟闸河段河底宽 60 ~ 70 米，河道上开口宽 79 ~ 103 米；沈家坟闸—汇合口段，河道断面基本维持现状，上开口宽度不变。平面位置绝大多数河段是在现状河道的基础上拓宽 7 ~ 32 米，规划河道中心线与现状河道中心线基本一致。沈家坟闸以上断面形式为混凝土板半衬砌梯形断面，以下断面形式为土渠梯形断面。为了不增加干流温榆河的防洪负担，清河出口流量维持 1978 年的设计流量，即 20 年一遇流量 316 立方米 / 秒，50 年一遇流量 450 立方米 / 秒。为消纳增加的流量，在中下游利用沈家坟和沙子营附近河口低洼地及温榆河故道设滞洪区。河道沿岸修污水截流管，污水收集、处理后达标排放，清河闸以上达到 IV 类水体水质，清河闸以下达到 V 类水体水质。实现两岸绿化隔离带，有条件的河段保留通行小型游船的可能性，最终实现"水清、流畅、岸绿、通航"。

2000 年，市发展改革委和市规划委批准了这个规划。2000 年 9 月 30 日，一期工程（清河上段）开工。对安河闸—下清河闸段 10.16 千米河道进行治理。工程建设内容包括：改扩建肖家河闸、树村闸、清河闸、下清河闸和老安河桥、党校桥、树村桥、京包铁路桥、体院东桥、毛纺厂桥、清河镇桥等 7 座桥，新建京包跌水闸、小月河学清闸、京包铁路涵；对全线进行污水截流，沿河铺设污水干管，将污水输入清河污水处理厂和肖家河污水处理厂，治理雨污水口 78 座，雨水管线 1369 米；对河坡及河上开口以外 12.5 米河道管理范围进行绿化，一期工程增加水面面积 11 万平方米，增加绿化面积 40 万平方米。一期工程建设同时包含支流小月河、万泉河 11.6 千米的河道疏挖护砌。工程于 2005 年 12 月 20 日竣工。总投资 4.75 亿元，其中工程费 3.05 亿元，拆迁占地补偿费 1.7 亿元。

2006 年，二期工程开工。工程主要内容：下清河闸—清河与温榆河汇合口全长 13.4 千米河道清淤、复堤、护岸；改建羊坊闸、外环跌水闸、沈家坟闸。其中羊坊闸为两孔弓形闸，每孔宽 20 米，高 2 米，闸门启闭采用盘香改型直拉式卷扬启闭机。改建外环跌水闸为一孔宽 45 米、高 2.5 米的气动盾形闸门；新建沙子营滞洪区节制闸；拆除河北村桥、洼里桥，新建洼里新桥；改建清河营桥；建设南七家、东小口、清河二所污水处理站；在下清河闸—外环跌水闸段河道两岸上开口外 12.5 米河道管理范围内修建 7 米宽沥青道路，在外环跌水闸—沈家坟闸段左右岸河上开口外各修建 5 米宽沥青巡河路，共新建巡河路 13.5 万平方米。改建雨污水口 34 座，新建雨水口 11 座。利用沈家坟滞洪区现状容积，完善岸坡绿化和进、退水闸，建滞洪区园路、步道及灌溉系统，形成湿地。（利用沙子营节制闸右岸、温榆河右堤外现状低洼地增作滞洪区的规划因征地困难未能实施。）新建节制闸一座，控制清河下泄量，拦挡温榆河 50 年一遇洪水倒灌。二期工程于 2006 年 11 月 8 日开工，2008 年 6 月 30 日完工。工程总投资 6.42 亿元，其中工程费 4.35 亿元，拆迁占地补偿费 2.07 亿元。

两期工程共完成清淤 42.6 万立方米，土方开挖 259 万立方米，土方回填 17 万立方米，混凝土 9.4 万立方米，砌石 8.1 万立方米，种植乔木 1.2 万株、灌木 25.9 万株，植草 90 万平方米，水生植物 9.8 万平方米。并配套自动化系统，实现了清河全线河道及闸门的自动监控。

万泉河

万泉河发源于海淀区万泉庄，流经圆明园各湖泊以及北京大学、清华大学校园，于大石桥北入清河，流域面积达 26 平方千米，是清河的较大支流。上游有泉水多处，为诸泉汇流河道。由于年久失修，河道淤塞，常发生洪涝灾害。1952 年曾疏浚过一次，但疏浚标准较低。1963年8月大雨，洪水漫溢，清华、北大校园内积水深0.3～0.4米，西颐公路交通中断。随着城市建设发展，大量工业废水和生活污水排入河道，诸泉水又逐渐干涸，万泉河无水补源，变成了臭水河。

万泉河

1981年8月，市政府决定整治万泉河，由市市政设计院设计，市城市建设总公司施工。1983年12月开工，治理总长9.62千米，动土方150万立方米。总投资1.2亿元。为使河道经常有清水流动，在京密引水渠上建引水闸及混凝土管道，与万泉河相通，管道长1055米，直径1.2～1.4米，可引水1.8立方米/秒。沿河并建有污水截流管。新建六郎庄、成府和大石桥3座节制闸，以美化环境和农田灌溉。此外，建桥涵25座和2.6万平方米滨河路。扩建后的万泉河，排水能力自上而下达到12～70立方米/秒。

小月河

小月河原为德胜门外排水沟，源于德外关厢，沿德昌公路西侧向北，经马甸至清河镇入清河。上游为西北土城沟，长 3955 米，河底宽 15 米。1952 年曾经疏浚，但标准偏低。1983 年，决定整治小月河及西北土城沟。由市市政设计院设计，市市政工程局和市城建总公司施工，1984 年 12 月，小月河与土城沟整治工程同时开工。治理后的小月河，起自祁家豁子，终至清河，长 5.8 千米，入清河流量为 100 立方米 / 秒。主要工程有：明渠 4850 米，矩形暗沟 953 米，节制闸、分水闸各 1 座，将清河古石桥移建于小月河出口处，两岸修路、绿化等。

高梁河

高梁河又名高梁水。水有二源，其记载首见于《水经注》："水出蓟城西北平地，泉流东注，径燕王陵北，又东径蓟城北，又东南流。"《魏氏土地记》曰："蓟东十里，有高梁之水者也。其水又东南入㶟水。"此水发源于今紫竹院公园内湖泊。《水经注》又云："澡水又东南径良乡县之北界，历梁山南，高梁水出焉。"此为又一水源，即把一部分澡水（今永定河水）从梁山（今石景山区金顶山）南，引入高梁河为上源。

两条水道于今白石桥附近汇合，东流至德胜门一带（称东段）。此后又分两支：一支是南行的"三海大河"，过今前门、天坛东北，出左安门，经十里河又注入㶟水（称南支），这一支后称萧太后河；

一支自德胜门沿今北护城河向东，经今坝河入温榆河（称北支）。这一支金、元时期曾辟为漕运河道。

魏嘉平二年（250），征北将军刘靖造戾陵遏，开车厢渠，开挖了高梁河西段水道，引永定河水灌溉蓟城北、东土地万余顷。北齐天统元年（565），幽州刺史斛律羡又"导高梁水，北合易京水（今北沙河），东出于潞（今通州），因以灌田"。金中都城建立后，为都城漕运需要，曾多次开发、利用高梁河。此后的高梁河水系，由引水灌溉为主，转向漕运、供水、灌溉综合利用。

金大定十年（1170），开金口引水河，曾利用高梁河西段的一段河道，引永定河水。金口开河失败后，泰和五年（1205），金章宗发军夫沿金口河故道开挖中都至通州的运河，长50里，

高梁桥遗址

河道上多处建闸（故此段河道亦称闸河，即今通惠河下段）。"以节高良（梁）河、白莲潭诸水，以通山东、河北之粟"。与此同时，章宗还利用东段高梁河开展漕运，即金漕河（今坝河）。经温榆河至通州。直至漕运不兴，高梁河才少有记述。金、元以后高梁河上源被南长河所代替，仅从紫竹院东流至高梁桥一段仍保留高梁河名称。

大明濠

　　大明濠系明沟，位于北京内城西部。明初金水河上源断流，西直门南水关至柳巷一段湮废，下游河道不再从前泥洼东折而一直南流入护城河。明代又有宣武街西河、西沟、臭沟之称，清代称大明濠，即俗称的"沟沿"。清末，沟沿上共有桥45座。北起横桥，中经马市桥、太平桥、马峰桥等处，南至象坊桥下出水关入护城河。全长5025米，为西城一带各暗沟的总汇。民国十年（1921），开始将"大明濠"改为暗沟，历时十年至民国十九年（1930）十月竣工。

　　1950年，市政府组织劳力，将南北沟沿干沟全线予以整修。据市政工程管理处档案资料记载，经整修的南北沟沿下水道，北起赵登禹路北口西直门大街南便道砖方沟，南至太平桥大街南口折向东，至新京畿道西口，折向南至佟麟阁路后，折向东至民族宫南街南口，再折向南至城墙下水关铁栏杆止，长4611米。为拱径1.61米、拱台0.62米至拱径2.5米、拱台0.68米的砖拱沟，自城墙下铁栏杆向南一段为明沟，接入前三门护城河。

1960年，由市市政工程管理处下水道队，在北魏胡同东口的沟沿干沟内横砌一砖墙，墙底部预留圆洞，平日沟内污水量小时经圆洞顺流而下，汛期雨水被墙截入西直门大街砖沟，减轻了南北沟沿干沟的负荷。

1963年，为防止河水倒灌，由市市政工程管理处第一管理所设计、施工，在出口明沟段修建一座简易启闭机闸，后被河水冲垮未再建。1966年，前三门护城河改为暗河，同时将沟沿干沟出口段明沟改为暗沟，长52米，结构断面为宽3米、高3米砖方沟。

经过整修改建后的南北沟沿干沟，长4663米，沿途有柳巷胡同、东冠英、东平巷、辟才胡同、东太平街等244条支线接入，长53956米，构成了西城区最大的排水系统。该沟系排水管道总长58619米。流域范围，北起西直门内大街，南至前三门护城河，东至西黄城根至西单北大街，西至武定胡同。现状流域面积达434.4公顷，最大排水能力为8立方米/秒。但南北沟沿干沟下游的二龙路地区仍为严重积滞水区，汛期每遇暴雨积滞水深达0.7米。

白浮瓮山河

　　元初，为解决大都至通州漕运，由郭守敬兴建通惠河。通惠河上起白浮泉，下至通州高丽庄入白河（今北运河）处，全长"160里140步"。白浮瓮山河即其上源河。该河自昌平区白浮村乏神山泉，西折南转，下汇王家山泉、西虎眼泉、孟村一亩泉、西来马眼泉、侯家庄石河泉、灌石村南泉、榆河温汤龙泉、冷泉、玉泉诸水沿今京密引水渠走向，毕合于瓮山泊（今昆明湖），长32千米。元末明初，白浮瓮山河废而未治，通惠河丧失漕运功能。明永乐五年（1407），曾重修白浮瓮山河，因不彻底而未成。

白浮泉遗址

郊坛后河（龙须沟）

　　自明嘉靖三十二年(1553)筑外城,将原城南水道包入城中起,外城最大的排水沟便是天坛北的"郊坛后河",在清代叫龙须沟。此河在宣德年间已见诸记载,是永乐年间建天坛、山川坛（先农坛）时,为排泄先农坛以西原向东南之水而开凿的。郊坛后河北起虎坊桥经永安桥、天桥、红桥,在天坛北再向东南流,后与三里河合流,经左安门内一带洼地（今龙潭）出城入南护城河。明末三里河湮塞后,外城上述水道合为一条干渠,是外城东南一带排水总汇,即龙须沟。

　　据民国二十年（1931）《工务合刊》记载,虎坊桥以北一段,于民国六年（1917）改为暗沟,民国七年至十九年（1918—1930）又将虎坊桥至老虎洞（今叠道子胡同南口）改为砖砌和混凝土筑的暗沟。老虎洞以下龙须沟部分于1950年至1952年改为暗沟,由市卫生工程局按合流沟规划设计,并负责组织施工。龙须沟合流沟的流域范围,西北起自金鱼池,东南至龙潭湖两侧,流域面积约181公顷。龙须沟合流主线分三部分,即东大地合流段,龙须沟上游段（法华寺）和龙须沟。另还有上游东、西晓市大街合流,长1252米。4段共长4210米。

　　西晓市大街合流段：西起大市北上坡南口,经苏家坡、南桥湾，至椿树院北口，入东晓市大街合流管，断面为直径 0.4 ~ 0.6 米混凝土管，宽 1.1 米、高 1.1 米砖沟。

东晓市大街合流段：西起西晓市大街，椿树院南口，经南水道子南口至东晓市大街东口，向东接东大地合流沟，断面为宽 1.1 米、高 1.1 米砖沟和直径 1.25 米混凝土管。以上两段为一期工程，建于 1950 年。

东大地合流段：北起东晓市大街东口，水流走向由西北向东南，终点在法华寺，管道长 527 米，断面为双孔沟，宽 1.05 ~ 1.3 米，高 0.85 米。

龙须沟上游段（法华寺）：北起东大地合流出口，水流走向由北向南，终点在体育馆西路北口，长 394 米，断面为 1 米以上砖沟。

龙须沟主线，西起体育馆西路北口，水流走向由西北向东南，终止点在龙潭路东口东南护城河龙潭闸下。管线长 2037 米，断面分段为：1 号井至 9 号井为宽 1.3 米、高 1.5 米双孔砖沟，10 号井至 19 号井为宽 2.2 米、高 0.6 ~ 0.8 米砖拱沟，20 号井至 42 号井至出口为宽 2.2 ~ 2.6 米、高 0.8 ~ 1 米砖拱沟。

以上三段为二期工程，1952 年 12 月建成。龙须沟在 1971 年修建南护城河截流管东段时，将此合流管道截流入南护城河东段截流管中，经龙潭抽升泵站将平时污水抽入左安门泵站进行农业灌溉。1982 年修建南干污水下段时，随着南护城河截流管东段接入南城污水干线（南干）1 号井时，龙须沟合流也截入南干污水下段。因龙须沟出口高程较低，接入东南护城河后，雨季受河水顶托经常造成龙须沟上游积水；也因南干污水高水位顶托，时有污水入河。

其他河流

凤港减河

属北运河水系，位于北京市东南，为横贯区域南部的人工排水河道。西起大兴区青云店地区凤河左岸老观里，东流至通州区马驹桥镇房辛店入区境，在草厂乡南丁庄入港沟河，折而南流，于军屯北转向东流，在小屯村东出境，在香河县王家摆村南入北运河。因连接凤河、港沟河，分减凤河洪水，故名凤港减河。通州境内长39.2千米，堤防长59.8千米，流域面积191.4平方千米。河床均宽50米，河底均宽37米，排入北运河的设计流量为200立方米/秒，排洪能力为148立方米/秒。沿河防洪除涝面积22万亩。

凤河

属北运河水系，为北京东南部主要排水河道。源于大兴区南苑，过通州柴厂屯乡临沟屯、小甸屯出境，入河北省廊坊市、天津市武清区境，于大魏庄纳港沟河，经泗村西南折入龙凤新河后，入北运河。历史上，凤河为永定河下游分支河道之一，1957年至1960年，开挖新凤河，将凤河上游河水引入凉水河。1962年进行局部治理。1970年冬至1971年汛前，第二次整治凤河，将部分河道裁弯取直，凤河两岸排水问题得到解决。

港沟河

属北运河水系，位于通州城区东南部。北起军屯，经后元化、前元化村出境，于天津市武清区入凤河。河道全长18千米，流域总面积达86平方千米，堤防长18千米。

历史上，为沽水故道之一。因用以运输粮秣接济边关，而名笥沟。辽代萧太后运粮河开凿后，用以转运辽东税粮以济南京（今北京），始有港（丰润区白龙港河）沟（笥沟）河之称。此河北起张家湾，南流经潞县村、田村，于前元化出境入武清区，为凉水河下游河道，曾名减沟。清光绪九年(1883)，北运河西岸河堤溃决，洪水于苏庄北直入此河，所冲河口宽大，愈远愈窄，状如鲇鱼，习称鲇鱼沟。民国三年（1914）将河口堵闭，引凉水河直入港沟河。1954年为根治凉水河，再引凉水河水于苏庄南入北运河，1955年通水。港沟河起点南移至许各庄。1958年利用潞县东门桥（又称大石桥）北建闸蓄水，修建潞县水库，港沟河北端起点南移至大石桥。1961年开挖凤港减河，港沟河上游之水与凤港减河水汇合东流入北运河，港沟河起点再次南移至军屯。

运潮减河

属潮白河水系，位于通州北部，通州镇东，为人工开挖的连接温榆河与潮白河的排水河道，以分减北运河洪水，故名运潮减河。西起通州镇北关闸（分洪闸），东至胡各庄乡东堡村东北入潮白河。河道全长 11.5 千米，流域面积 20 平方千米。河床宽 128 米，河底宽 80 米，深 5~6 米。设计起点标高 17 米，终点标高与潮白河深水河槽平接，为 14.14 米。设计正常河道水深 4.2 米，分洪流量 500 立方米／秒。沿河堤防长 22 千米，防洪排涝面积 20 平方千米。

天堂河

天堂河原发源于丰台区北天堂村，入大兴区境后流向东南，经念坛村南至新桥村，折向东南至东宋各庄出境入廊坊市辖域。1958 年念坛水库建成后，源于念坛水库。境内长度 27.73 千米。支流有大狼垡排沟。全流域面积 316.71 平方千米，影响芦城、黄村、北臧村、定福庄、榆垡、南各庄、大辛庄、庞各庄 8 个乡镇 152 个村。

蟒牛河

源于丰台区长辛店乡白草洼，经太子峪、吕村、张家坟、公主坟、北岗洼，汇入小清河。主河道长 8 千米，流域面积 18.2 平方千米。在吕村附近有支沟李家峪沟汇入。

牤牛河

发源于丰台区长辛店乡大灰厂村北部山区，向南纵贯王佐乡，经沙锅村、下庄、西王佐、南宫、铁匠营、王庄后，进入房山区长阳农场境汇入小清河。流域面积 34.82 平方千米。汇入牤牛河的支沟有佃起沟、南岗洼沟等。

大石河

为北拒马河支流。发源于房山区西部山区霞云岭乡堂上村西北。河道在山谷间曲折向东，经霞云岭、长操、班各庄、河北等地，在坨里辛开口村出山，进入平原，再折转向南，经八十亩地、羊头岗、马各庄、窦店等地，至琉璃河转而向东，到祖村向南出境，至河北省涿州市码头镇与北拒马河汇合。境内流长 106 千米。流域面积 1243.4 平方千米：山区流域面积 856.3 平方千米；平原流域面积 387.1 平方千米。山区段及山前几条支流，处于山前暴雨中心区，洪水来势猛，流速快，暴涨暴落。平原段河道狭窄曲折，草木丛生，水流不畅。吉羊、芦村、兴礼、立教等沿岸洼地，以及夏村、梨元店、双柳树、苏村、芦村、洄城等村，常遭水淹和洪水围困。据实测，1956 年漫水河村最大洪峰 1860 立方米 / 秒，

1963 年为 1280 立方米 / 秒，1988 年为 5040 立方米 / 秒。

怀河

怀柔西部的怀九河、怀沙河在城区西汇合后称怀河。怀河全长以最长支流怀九河上源计为 80.9 千米，怀柔境内 64 千米；流域面积 1042.6 平方千米，怀柔境内 578.3 平方千米；河床纵坡 2.1‰ ~ 2.4‰。怀河支流有红螺镇牤牛河、汇合沙河后的雁栖河和南房、周各庄两条小河。怀河在梭草村南入潮白河。怀河由于上游山场植被好，林木多，清水出川，在汇入白河后与白河同流而不合污，两河一清一浊，泾渭分明，同流 1 千米多之后方混为一色，修建怀柔水库前曾是梭草东南一带一大胜景。修建怀柔水库后，怀河下游仍担负怀柔水库泄洪任务。

雁栖河

潮白河主要支流之一，全长 42.1 千米，流域面积 411.7 平方千米。上游分两支，东支流源于八道河乡西栅子、对石等处的山沟，下经五道河、交界河、石片、黑龙潭、官地、神堂峪至石梯子与源于莲花池莲花泉的西支流汇合，经柏崖厂注入雁栖湖。雁栖湖下游的雁栖河，于怀柔镇王化村南，有沙河从左岸汇入，向南流至大杜两河村东汇入怀河。

琉璃河

源于崎峰茶乡梁根，主流全长 43.5 千米，流域面积 242.1 平方千米。在三岔有源于大地、北湾的山溪汇入，经鱼水洞草场至孙胡沟有孙胡沟溪水汇入，过皮条沟、碾子湾经几个迂回之后，由偏道子东下出老公营沟口，南有得田沟、东有琉璃庙南沟的溪水汇入，经琉璃庙村北有安州坝西沟的溪水汇入，经前安岭东流，于小河口从右岸汇入白河。琉璃河历史上出现的几次较大洪峰为：1924 年为 2440 立方米 / 秒，1939 年为 1170 立方米 / 秒，1972 年为 1780 立方米 / 秒。

琉璃河旧影

湖　泊

　　北京地区拥有面积广阔的冲洪积扇。在岩层相变的临界带上，由西北向东南流动的地下水因受阻水位抬高，露出地表，在地形低洼处形成湿地或湖泊。如昆明湖、紫竹院湖、玉渊潭、莲花池等，历史上都曾泉流四出。现今由于地下水位大幅度下降，泉水早已无踪，湖水由地表水补给。

永定河古河道变迁的过程中，遗留的几段故道积水后形成了一些湖泊。其中古高梁河故道留下了西海、后海、前海、北海、中海、南海、龙潭湖等湖泊，古漯水故道则留下南苑大泡子一带的海子。

从元代建都北京开始，其城市规模不断扩大，砖瓦业兴盛，烧窑取土形成多处洼地，城东的一些洼地积水后形成现在的南湖渠湖、安家楼湖、水碓湖、窑洼湖等湖泊。

1949 年以前，北京城近郊区天然及人工洼地储水而成的湖泊有 11 处，水面面积 426 公顷。中华人民共和国成立后，市政部门整治臭水坑、排水沟，开辟湖泊 12 处，并治理郊区的水洼和郊区城镇的园林水面。至 20 世纪 90 年代，北京市共有湖泊 30 余处，总面积约 700 公顷。此后，经进一步治理、开发，一部分鱼塘和水利设施被美化成景观湖泊，数量和总面积又有所增加。北京的湖泊水深一般为 2~3 米，西郊砂石坑改建的湖泊水深达 10 余米。湖水来源绝大部分为地表水补给。湖水温度随着气温变化而变化，年平均水温 14℃左右。湖水结冰期为 4 个月。绝大部分湖泊与河道相通，汛期可调洪、排水。大的水域可调节周围小气候。

元、明、清时，北京城内湖泊的水源主要是通过白浮瓮山河（通惠河北段）经瓮山泊（今昆明湖）和金水河、高梁河引京北白浮、京西玉泉山的泉水入城。

至现代，玉泉山泉水几近干涸，北京的湖泊供水主要来自密云水库、官厅水库及地下水补给，其次是工厂排水及灌溉退水补给。从京密引水渠引密云水库的水，经过昆明湖、南长河、北护城河补给昆明湖、紫竹院湖、动物园湖、北京展览馆后湖、西海、后海、前海、北海、中海、南海、筒子河、北郊青年湖、久大湖、人定湖及工人体育场湖等。通过京密引水渠、永定河引水渠引两大水库的水入玉渊潭、南护城河补给八一湖、陶然亭湖、龙潭湖。水碓子湖由大亮马桥沟补水。南湖渠湖由土城沟补水。红领巾湖由东郊热电厂循环水补给。莲花池由新开渠排污水补给。南苑大泡子为灌溉退水补给。西郊青年湖由地下水补给。

北京的湖泊在调洪、排水等方面起着很大作用。城区的湖泊几乎都与河道相通，以京密引水渠，永定河引水渠，南长河及南、北护城河把西郊与城区的湖泊串联起来。北郊各湖通过土城沟与小月河、清河相连。东部的湖泊通过大亮马桥沟与坝河相通。发生洪水时，利用八宝山砂石坑及玉渊潭调节永定河由金顶街、石景山下来的洪水。进入玉渊潭的洪水通过西护城河、南护城河排入凉水河及通惠河。城区洪水由北护城河东北角向坝河分洪，坝河则保证东城一带排水通畅。

北京城区的湖泊多数已辟为园林，自金代在中都城东北郊的太液池兴建大宁宫以来，元大都城的建立，明、清皇城的修建，均围绕城内六海开展。金碧辉煌的宫殿群及参天古柏、亭台楼阁对映柳影波光，形成景色宜人的皇家古典园林。

至 2000 年底时，北京规划市区及郊区城镇湖泊共 42 处，水面总面积 997 公顷。

昆明湖

昆明湖位于海淀区颐和园内，北依万寿山，南向平野。初为自然湖泊，已有 3500 年的历史。水源于玉泉诸水，古称"七里泊""瓮山泊""大泊湖""西湖"。金、元、明之际，湖状如半月，

昆明湖

西北岸呈半圆形，以青龙桥、功德寺为界；东北岸为西堤，似弦，位于瓮山（今万寿山）西侧至南湖岛一线。

元至元二十九年（1292），郭守敬引白浮泉及西山诸泉，汇入这一水域，并扩大疏浚，使之成为向京城供水的一座蓄水库。后因白浮瓮山河废弃，上源断流，面积逐渐缩小，周长仅 10 里。

清乾隆十四年（1749），将西湖向东、南两面扩展，将堤防向东移至今知春亭以东，原堤东稻田及零星水面辟为新湖，又仿杭州西湖的苏堤在湖中重修一道西堤，并于堤上建 6 座桥，使东西两湖之水相通；向南将堤岸从今南湖岛处，移至绣漪桥下，留下孤岛，建十七孔桥与东岸相连。扩展后湖周长 30 多里，"廓与深两倍于旧"，成为北京最早、最大的人工水库。

乾隆十五年（1750），将该湖更名为"昆明湖"。为补充水源，乾隆十六年（1751）分别从香山的双清、碧云寺的水泉院、樱桃沟的水源头诸泉，铺设总长 7 千米的引水石槽，将泉水导入昆明湖。

昆明湖以西堤及支堤相隔分为东湖、西北湖和西南湖，是颐和园的主要景区，其面积约占全园面积的四分之三。

中华人民共和国成立初期，昆明湖水面总面积为 204.9 万平方米，其中东湖最大，水面面积为 125.8 万平方米；西北湖（现称团城湖），水面面积最小，仅 35.4 万平方米；西南湖水面面积为 43.7 万平方米。

1956 年下半年，市上下水道工程局借调天津疏浚公司的"北京号"吸扬式挖泥船疏挖昆明湖，至 1957 年 12 月，完成西南湖的疏浚工程，平均挖深 2 米左右，挖出淤泥 89 万立方米。

1960 年至 1961 年春,疏浚西北湖,挖出淤泥 71 万余立方米。两湖疏浚后,水面面积有所扩大,水质有较大改善。

1966 年京密引水工程建成,通过昆明湖向下游输水。为此,建昆明湖进水闸 1 座,出口处建绣漪闸和橡胶坝各 1 座。因湖底高程高于引水渠底,为沟通引水渠,并为通航做准备,在进水闸至绣漪闸间湖中开挖了一条输水道。

1967 年至 1968 年,由市市政工程局河道管理所用挖泥船施工,挖出淤泥约 10 万立方米。京密引水工程运行期间,昆明湖水位因引水渠来水量不同而时涨时落,影响颐和园内昆明湖上游船活动及荷花生长。

昆明湖西堤

1977 年，结合解决燕山石油化工厂的用水问题，兴建了河湖分流工程，亦称改河工程。

从 1990 年 12 月起，昆明湖东湖进行扩湖以来第一次全面清淤，市政府组成昆明湖清淤工程指挥部，号召广大群众以"爱祖国、爱北京、爱颐和园"为宗旨，清除昆明湖淤泥。在近两个月时间里，约有 20 万人冒着零下 10 摄氏度的严寒参加义务劳动。清理面积 120 万平方米，清出淤泥 65.26 万立方米，至 1991 年 3 月清淤完毕，不仅水面扩大到 213.3 万平方米，而且水体、水质都得到改善。

福　海

　　福海，在海淀区圆明园内。圆明园是由圆明、长春、万春三园组成的清代皇家园林，系康熙至乾隆年间营建的大型园林，曾是皇帝处理政务之所。园中大小湖泊总面积达 124.6 万平方米，福海面积最大，达 34.4 万平方米。

　　园中河湖水源有三：一为昆明湖水，水自二龙闸出，经西苑、梅花桥，在圆明园西南角入园，绕经福海等河湖，自东墙一孔闸及五孔闸流出，入长春园，绕流园内水系后，经七孔闸流出，再入万泉河；二为万泉水，由万泉河输水，自万春园南入园，经万

福海

春园各河湖后，北流与长春园水系相通，最后东流自二孔闸出园入万泉河；三为园内的自流井或泉眼出水，水流旺盛，水质清澈。自咸丰十年（1860）英法联军烧毁圆明园，水系逐渐淤塞。1984 年整修圆明园，首先疏浚福海，逐渐修复水系，1995 年园内水面面积恢复至 80 万平方米。水源来自京密引水渠昆玉段，沿治理后的万泉河，于成府闸上游入万春园，再穿过园内水渠进入福海。

什刹海

什刹海，在古代是一片宽阔的水域，由洼地积水和地下水流出汇聚而成。金、元两代发展水路运输，利用这一带水域作为舟楫停泊之所，成为水陆码头。当时水中有小岛，岛上有鸡狮石，故称鸡狮潭或鸡石潭，又称积水潭、元武池、海子等，环境优美。元代的积水潭水面很大，其水源来自白浮泉和西北部山区诸泉，经长河、高粱河自和义门北入城进潭。

水出口处有三：向南入太液池（北海），向东南通过御河入通惠河，向东入坝河。明代因水源短缺，积水潭逐渐萎缩形成三个小湖，除称积水潭外，还有海子、海子套、净业湖、北湖等名称。中部因明万历年间于西海岸建有什刹海庙，故称什刹海；南部莲花较多，故称莲花泡子。因该水域在皇城北，与前三海相对，

什刹海旧影

因而清代又有后三海之称。按水域位置分别称前海、后海与西海，亦称什刹前海、什刹西海和什刹后海。什刹西海与什刹后海的水路被切断，水流绕经李广桥明沟入什刹前海，再由前海经银锭桥入什刹后海。此后，水域面积减少，稻田面积增加，环境卫生亦随之恶化。

1950年，北京市全面治理什刹海。在设计施工期间，曾将上述水域称为"四海"，即什刹西海、什刹前海、什刹后海和西小海。西小海为什刹前海西边的一部分，与前海间由一条道路隔开。市卫生工程局组织"四海"施工所，于6月4日开工，11月26日竣工。共挖淤土方29万立方米，疏浚的什刹海水深至2米左右，水面面积扩大至34万平方米。疏挖治理中废田还湖，改变不合理水路，增建水工设施。

主要工程项目有:将李广桥明渠改为暗沟;砌筑护岸6.4千米;

什刹海之冬

在德胜桥上建闸两座，并改建地安闸与西压闸；新建桥 2 座，码头 9 处，排水涵洞 12 座。1952 年，沿岸设置了栏杆和路灯，并广植花卉树木。20 世纪 60 年代中期，将游泳池填垫改建为什刹海体育馆。1983 年起，西城区政府组织整治什刹海，疏挖清淤，整修护岸，打通环海路，辟建花圃绿地。

北海与中南海

北海，又称白莲潭，古代与积水潭连为一片水域。辽代在这一带开辟园林，今琼华岛，当年称瑶屿。金代在这里建离宫，称大宁宫。元代则以这一带水域为中心，兴建大都城，该水域遂成为皇家宫廷的内苑。其水源，在辽金以前与高粱河相连，元代始导玉泉水，挖金水河自和义门南入城，供皇城使用。明代将太液池南部扩挖，并建瀛台，形成了北、中、南三海。1948 年时，北、中、南三海总水面为 86.4 万平方米，但在水域范围内开垦了许多稻田，加上芦苇、荷花等浅水植物，水面面积被占三分之一。

1950 年 1 月 11 日，市政府提出疏浚"三海"，开辟水源，整修护岸闸门、整建万字廊水道等工程计划。3 月 22 日，组建疏浚"三海"工程指导委员会，中共中央办公厅主任杨尚昆任主任委员，市卫生工程局组织施工，地方与部队共 1 万余人参加劳动。4 月 5 日开工，6 月 17 日工程告竣。共清挖淤泥 34 万立方米，修建护岸近 11 千米，码头 31 座，闸门 8 座，投资 2570 万斤小米。疏浚后，"三海"水面面积扩展为 87.54 万平方米，其中北海水面 38 万平方米；"三海"水深约 2 米，环境卫生得到极大改善。

北海

1958 年和 1959 年间，结合天安门广场扩建，又将南海"流水音"进行了改建，加大了过水面积。鉴于南海出路不畅，1962年修建北新华街下水道时，于新华门西又建新华闸，接入北新华街下水道，使"三海"水域的排、蓄设施日渐完善。1986 年 10 月，北海污水治理工程竣工，截流入湖污水水源 36 处，使湖水水质得以改善，湖面面积达 38.9 万平方米。

莲花池

莲花池，又名西湖，位于丰台区湾子莲花池公园内，是一座古老的湖泊，池内有泉水溢出，流入莲花河。

莲花池与北京城的形成与发展有着重要渊源，是城市建设中最早开发利用的水源地。据《水经注》记载："湿水又东与洗马沟水合，水上承蓟水，西注大湖，湖有二源，水俱出县西北平地，导泉流结西湖。湖东西二里，南北三里，盖燕之旧池也。绿水澄澹，川亭望远，亦为游瞩之胜所也。湖水东流为洗马沟。"这里记载的西湖即莲花池。

金天德三年（1151）建中都城时，把莲花池水引入城内，在中都城内建造了优美的同乐园。元代辟为私人别墅，水面有数十亩。明清时曾疏浚，水面达 40.2 万平方米。20 世纪初，此处成为种植水稻和莲藕之地。

1952 年，市卫生工程局疏浚了莲花河，开挖了新开渠，但对莲花池未加以治理。

1957 年再次疏浚莲花河时，对莲花池做了调洪计算，建了出口闸和加高南部堤坝，在汛期可调蓄西部洪水 19.6 万立方米。

据 1959 年实测，莲花池东西长约 650 米，南北长约 500 米。20 世纪 60 年代地下铁路施工，填垫了湖西南一角，水面面积缩小了 4.9 万平方米。

1982 年，市政府决定建设莲花池公园，水面尚有 20 万平方米。1984 年被市政府确认为市级文物保护单位。1992 年，配合北京西客站建设，新开渠部分改暗沟，由莲花池北岸通过，占去水面积约 1840 平方米。此后，湖区逐渐干涸。

龙潭湖

龙潭湖，位于北京外城东南隅，为古高梁河穿过的地区。明嘉靖三十二年（1553），围筑外城城墙，河流故道拦腰切断，留下了大大小小的窑坑，城内雨水和龙须沟下游污水在这里汇集，芦苇杂草丛生，坟茔遍布。

1952 年初，市卫生工程局对这片洼地进行了测量、规划和设计。根据地形和铁路、公路布局，将其疏浚成三处水面，名为"东湖""西湖""西小湖"，公路以东为东湖，以西为西湖，铁路以

龙潭湖

西为西小湖。当年11月15日疏浚工程完工,湖底高程挖至35.3米,湖水深约2米,引南护城河水进湖,建有进、出水涵洞,并修建环湖路7.8千米,疏浚土方62万立方米。疏浚后湖面达44.3万平方米,成为市区又一座大型河湖公园。

经疏浚左安门一带环境卫生得以改观。工程设计、施工期间,考虑到龙须沟流经此处,故命名为"龙潭湖"。1962年,修建南城雨水下水道干线时,将下水道与龙潭湖接通,龙潭湖成为南城雨水的调蓄湖泊,但也由此带来了湖泊水质受到污染的新问题。

进入20世纪80年代后,龙潭湖地区开始了现代化公园建设,挖湖修坡,三个湖泊保留水面36.5万平方米。为使游人接近水面,加强了湖岸及附近的绿化,建成多处临水景点,成为首都具有龙文化特色的大型公园和游乐园。

紫竹院湖

　　紫竹院湖，位于南长河广源闸下游右岸紫竹院公园内，是一座具有 12 万平方米水面的湖泊。其名称系由湖岸旁有紫竹院庙宇而来，庙前洼地有泉涌出，是古高梁河的流经地。公元 250 年，刘靖建车箱渠曾引永定河水经此。金代在上游开挖河道，以增加水源；元代郭守敬又加以疏浚；到清代，此处成为帝后们去西郊游览的换船休息之所。后因湖泊逐渐淤垫，遂被垦为稻田，水域面积逐渐缩小，至中华人民共和国建立前夕，只有北部一小部分积水区，是泉水涌出地带。

　　1953 年 3 月，市卫生工程局组织施工所，改造紫竹院，废田还湖，建进水渠和退水渠。设进、退水闸各 1 座，使湖水与南长河相连，同时疏浚整个湖底，挖深至 46.35 米，把挖出的 14 万立方米弃土堆成几处土山。湖东留有小岛，建环湖路，环湖路与小岛有 3 座小桥相连，7 月竣工，后辟为紫竹院公园。

　　1956 年，在兴建永定河引水工程时，开挖了双槐树至紫竹院的支渠，名双紫支渠，为紫竹院开辟了第二水源。1986 年，紫竹院公园修建筠石苑，同时开挖了眼镜湖。眼镜湖水面面积 3500 平方米。为了解决眼镜湖的用水，在南长河紫竹院段渠道左侧，修建进、退水闸各 1 座。

紫竹院

　　1989年，对紫竹院湖进行了库容测量，测得最大库容20万立方米，正常库容14万立方米，最大水面面积15.89万平方米。自20世纪80年代以来，紫竹院湖所在的紫竹院公园，开始了突出"竹文化"特色的园林建设，成为京城又一处著名公园。

陶然亭湖

　　陶然亭湖位于西城区陶然亭一带，是处在永定门和右安门之间的一片洼地，靠近南护城河。清康熙三十四年（1695），工部郎中江藻，在元代慈悲庵古庙里盖了三间西厅房，取名"陶然亭"，因而得名。明、清两代，在陶然亭附近设有烧制砖瓦的窑厂，就地取土，陶然亭一带遂成洼地。因排水困难，常年积水，加之附近车间作坊污水排入，任意倾倒垃圾，周围坟茔遍布，成为极污秽之地。

1950 年，毛泽东主席、周恩来总理视察陶然亭地区，毛泽东指示：陶然亭是燕京名胜，要保留。1952 年 4 月 10 日，由市卫生工程局组织施工，将陶然亭洼地疏浚成湖，分东、西两部分。将挖出的 30 万立方米泥土，堆成 7 座小山，填平 3 处水坑，8 月 31 日竣工。竣工后的湖泊面积为 16.7 万多平方米，湖岸线长达 3.7 千米，附近制革厂污水也被改入陶然亭下水道，不再入湖。

1957 年，永定河引水工程建成后，水源得到解决，并修建了补水、换水的太平街闸。从此，陶然亭成为城南一带风光秀丽的著名河湖公园。

进入 20 世纪 80 年代，又逐渐建成具有"亭文化"特色的园林公园，湖面常年保持在 20 万平方米左右。1991 年 11 月至 1992 年 10 月，南护城河整治时考虑改善环境和为陶然亭补水方便，由市第二水利工程处建太平街橡胶坝和向陶然亭补水、引水闸各 1 座。

陶然亭

玉渊潭

　　玉渊潭东临钓鱼台，西临西三环中路，南距复兴路 500 米，北距阜成路 500 米。由玉渊潭湖、八一湖、钓鱼台引水湖组成，湖泊东西长 1500 米，南北宽处 300 米，总面积 44 万平方米。

　　玉渊潭初为天然湖泊，是古蓟城和金中都的供水源地。该地涌泉为潭，水光潋滟，柳荫莲香，鸟翔其间，自古为文人雅士宴游之地，帝王临幸之所。据载，元代时水面 10 顷有余，镜天一碧。清乾隆年间，疏挖南旱河流经玉渊潭，并扩大水面，建出水闸，使玉渊潭成为北京城西部蓄水调洪湖泊。中华人民共和国成立后，修建了永定河引水渠和京密引水渠，两水汇入玉渊潭，以保证京城用水需要。钓鱼台湖有相互连通的水面 3 处（大湖、小湖、外湖），总水面约 6.7 公顷，由玉渊潭东湖补水。

　　玉渊潭，古代这里是水乡泽国，风景秀丽。金代开始逐渐拓为园林别墅。《帝京景物略》中有"丁氏园"之称。丁氏曾就园中水域修建水池，名玉渊潭。明末，台亭塌毁，几成废墟。清乾隆年间，为保障扩建的西郊园林不受西山洪水威胁，挖南旱河，导西山洪水入玉渊潭，并予以疏浚，扩大水面和库容，建出口闸，使其成为城区西郊调节洪水的湖泊。同时，在湖岸建养源斋行宫，于东岸另建钓鱼台，成为皇家游乐场所。

民国时期，玉渊潭东西长 1500 米，南北最宽处约 310 米，为北平大学农学院所辖。玉渊潭东半部又称东湖，多为芦苇所占；西半部又称西湖，有稻田 13 公顷。四周有土山，山上广植树木。

1951 年 4 月，市卫生工程局组织近郊农民和部分以工代赈工人，将玉渊潭以上南旱河疏浚一段，使其过水能力达到 47 立方米 / 秒。靠右岸开挖了一条贯穿东、西湖的子河槽，过水能力为 25 立方米 / 秒。在子河槽上段左岸土埝上建溢流堤 1 座，长 60 米，使超过 25 立方米 / 秒的洪水溢流入潭中滞蓄。同时改建了出口闸，疏浚了出口后的南旱河。治理后湖面面积 34.8 万平方米，在 50 米高程时，蓄水能力达 110 万立方米。

1955 年 6 月，市市政工程局组织义务劳动，对玉渊潭再次治理，疏挖了潭内淤浅部分，将西部湖底挖至 46.5 米高程，疏浚土方 11.5 万立方米，并培高右岸土堤。

1963 年 8 月大雨，玉渊潭拦蓄洪水 120 万立方米，虽起到调洪作用，但仍有洪水以 38 立方米 / 秒的速度泄入护城河，以致护城河水位上涨。

1964 年 3 月，由市市政设计院设计，市市政工程局对玉渊潭又进行一次较大规模治理。主要工程有：拆除永定河引水渠上的玉渊潭进口土埝，改建成过水能力为 125 立方米 / 秒的进水闸；再次改建出口泄水闸，泄水能力扩大为 50 立方米 / 秒；加高加固左岸东北角土丘大堤，堤顶高程增至 51.5 米，顶宽 6 米，并砌筑护坡，使蓄水能力增大到 160 万立方米。共完成土方 2.5 万立方米，混凝土与砌石 6700 立方米，投资 142 万元。原计划将湖底挖至44.5米高程，因湖底为漏水地层，未予施工。

"文化大革命"期间，玉渊潭东湖由国宾馆管辖、西湖由水利部门管辖。1970年，西湖左半部开为稻田，翌年又改建为鱼池。为此加固中堤，建中堤闸和玉渊潭与八一湖之间的连通闸，玉渊潭的调蓄洪能力受到很大影响。

1977年，东湖归还地方管理。1980年5月24日，放水时发生水毁事故，中堤闸下游左侧墙下沉11厘米、外倾7厘米，底板掏空长12米、宽3.5米、深1.1米的大坑，闸下冲坑长37米、宽32米、深4.25米。东湖底冲成三条大沟，长约540米、深4.1米，当年6月底抢修完工。

1990年2月到5月，西湖北岸修建樱花园大堤，回填了北岸原部分鱼池。工程完工后，玉渊潭水面有47.2万平方米。1991年7月，玉渊潭中堤改建为3孔石拱桥，同时湖北岸改建为直墙护岸。玉渊潭是一处人工雕琢较少的天然公园，20世纪70年代后期，被命名为宋庆龄儿童科学公园。

八一湖

八一湖位于玉渊潭南，原是一片洼地，1956年永定河引水工程施工时扩挖成湖，湖水面积10万平方米，成为永定河引水渠的一部分。因该湖由解放军官兵义务劳动疏挖而成，故命名

"八一"湖，以示纪念。

1989年，对该湖疏挖、清淤，同时在湖中筑一道长220米的土坝，将湖一分为二，坝南侧为行洪、供水渠道，坝北侧为鱼池，面积约1万平方米。1月开工，4月完工，共清淤4.3万立方米，整个湖区水面达14万平方米。坝南侧建进水闸1座，过水断面为9平方米。连同护砌工程总投资近40万元。1992年12月，又将鱼池改建成"水上乐园"游乐场。

青年湖

金中都同乐园鱼藻池遗址，位于广安门外南街。金贞元元年（1153），金海陵王完颜亮将都城从上京迁都到燕京，后改燕京为中都，随即对中都进行大规模的改造与扩建。扩建后的中都城有宫城、皇城、大城三重。宫城西侧的同乐园中有太液池（中国古代习称皇家园林内的水泊为"太液"）。金末，同乐园毁。1958年3月，宣武区对荒芜多年、杂草丛生的古太液池进行疏挖，其北半部经过改造，设计成为人工游泳池；南半部2.5万平方米的水面被保存下来，命名为青年湖。

其他湖泊

大观园湖。位于南护城河右安门大观园内。园中湖面1.6公顷。

工人体育场湖。1959年建工人体育场时利用场旁洼地开挖成人工湖，湖面积3公顷。

水碓湖。位于朝阳区六里屯西口水碓村朝阳公园内，由水碓湖、南湖等大小10余个窑坑组成，总水面约55公顷，由北护城河补水。

团结湖。位于朝阳区团结湖居民小区内的团结湖公园内，现有水面5.41公顷，由北护城河补水。

镇海寺公园湖。位于朝阳区小红门乡，水面4公顷。

兴隆公园湖。位于朝阳区高碑店桥北兴隆公园内，水面3公顷。

高碑店湖。位于通惠河高碑店闸上游，由通惠河河道扩挖而成，水面14.29公顷。

窑洼湖公园湖。位于朝阳区南磨房乡乡办公园窑洼湖公园内，两湖湖面2.17公顷。

红领巾公园湖。位于朝阳区红领巾公园内。1958年挖湖清淤，湖面13.16公顷，由北护城河补水。

动物园湖。位于西直门外北京动物园内，水面3.51公顷，由北护城河补水。

展览馆后湖。位于北京展览馆后院。1998 年在长河湖整治工程中，结合长河疏浚对后湖进行清淤。现水面面积 2.45 公顷。

人定湖。位于德胜门外大街东侧人定湖公园内，湖面约 2 公顷，由北护城河补水。

久大湖。位于安定门外大街西侧柳荫公园内，又称柳荫公园湖，湖面 7.68 公顷，由北护城河补水。

南苑公园湖。位于丰台区南苑镇西部南苑公园内，水面 1.5 公顷。

丰台花园湖。位于丰台区丰台路丰台花园内，水面约 1 公顷。

世界公园湖。位于丰台区世界公园内，水面面积 3 公顷。

花乡森林公园湖。位于丰台区花乡西南大葆台汉墓周围的花乡公园内，小湖 6 个，总水面 4.5 公顷。

槐房钓鱼公园湖。位于丰台区南苑槐房村村办公园内，水面 2.66 公顷。

石景山游乐园湖。位于石景山区八角居民区东侧游乐园内，园内湖面 1.5 公顷。

奥林匹克森林公园湖。位于奥林匹克森林公园内，系人工景观水系。2006 年 12 月 29 日动工，翌年竣工。主湖区"奥海"面积 78.74 公顷，加上人工湿地和景观河道构成龙形水系，水面总面积 122 公顷，列市区湖泊第二位。

西海子公园湖。位于通州区西海子西街西海子公园内，湖面 5.4 公顷。

卧龙公园湖。位于顺义区城关城西北卧龙公园内。水面达13公顷。

黄村公园湖。位于大兴区兴丰大街黄村公园内，园中湖面约1公顷。

团河行宫遗址公园湖。位于大兴区团河行宫遗址公园内，湖面4.27公顷。

昌平公园湖。位于昌平区城南大街昌平公园内，水面约1公顷。

三家店调节池。位于门头沟区三家店拦河闸，水面面积80.4万平方米。

雁栖湖。位于怀柔区城关北5千米，系1962年建成的北台上水库，水面100公顷。

白河郊野公园湖。位于密云城区西白河郊野公园内。1984年，区政府利用原白河河床和河滩修建人工湖，水面18.55公顷。

妫水河公园湖。位于延庆城区东外大街妫水河公园内。首先开挖5.5公顷的人工湖，后又于1990年引妫水河水入园，形成333.5公顷山水相依的郊野公园。

夏都公园湖。位于延庆城区东外大街夏都公园内。1995年，县水利局在妫水河上建成橡胶坝一座，坝上游形成66.7公顷的水面，称莲花湖。

香水苑公园湖。位于延庆城区东门外大街香水苑公园内，水面2公顷。

泉 水

　　北京山区碳酸盐岩出露面积 2900 平方千米,占山区总面积的 28%,岩层中的溶隙、溶孔、溶洞系统成为地下水贮存的巨大空间。良好的贮水条件使碳酸盐岩岩溶裂隙水成为山区地下水的主要类型。

　　碳酸盐岩岩溶裂隙水主要赋存于元古代、下古生代地层中。奥陶系、寒武系灰岩及蓟州区系雾迷山组、长城组白云岩是含水岩组。其中，奥陶系灰岩主要分布在西山的百花山向斜、九龙山向斜两翼。岩溶裂隙比较发育，地下水较丰富，是比较典型的岩溶裂隙含水层。西山奥陶纪灰岩质纯层厚，易被水溶蚀，裂隙溶洞发育，地下水丰富，但富水性不均，北京有名的大泉多出露于此层中。如房山区的万佛堂泉、马刨泉、南观泉，海淀区的玉泉山泉等。泉水一般在山前出露，海拔在 50 ～ 60 米，丰水期流量大于 1 立方米 / 秒，枯水期可断流；震旦亚界硅质白云岩分布较广，尤以蓟州区系雾迷山组、长城系高于庄组白云岩分布广泛，多为燧石条带状白云岩，其岩性坚硬，可溶性差，但脆性裂隙发育，富水性较好。以房山区、门头沟区、昌平区、延庆区及平谷区分布面积最广，富水性相对稳定，是山区主要含水层之一。在大面积分布而又无相对隔水层的地区，有统一的地下水面并向山前排泄，以泉的形式出露。如房山区的高庄泉、甘池泉，昌平区的九龙泉、秦城泉，顺义区的金鸡泉，延庆区的黑龙潭泉、黄龙潭泉及平谷区的黄草洼泉群等。泉流量一般为 200 ～ 800 立方米 / 日，在较好的构造部位上流量较大，可达 8000 立方米 / 日以上。寒武系灰岩主要分布在百花山、九龙山向斜的两翼，多呈条带状分布，面积不大，岩溶裂隙不甚发育，泉出露不多。

玉 泉

玉泉位于海淀区玉泉山，因泉水甘冽清爽、晶莹如玉，所以叫玉泉。据清《宸垣识略》称："玉泉山以泉而名，泉出石罅，潴为池，广三丈许，水清而碧，细石流沙，绿藻紫荇，一一可辨。"玉泉山泉源众多，水量丰沛，著名的有玉泉、迸珠泉、裂帛泉、试墨泉、宝珠泉、涌玉泉、涵漪斋泉、静影涵虚泉。其中，最为著名者当属玉泉。清乾隆皇帝为验证玉泉水质，特命内务府官员用银斗称量天下名泉，结果是：玉泉斗重一两，济南珍珠泉重一两二厘，扬子金山泉重一两三厘，惠山、虎跑泉各重一两四厘，平山泉重一两六厘，南京清凉山泉和苏州虎丘泉各重一两一分。

明代王绂《玉泉垂虹》图

玉泉之水最轻，乾隆皇帝总结道："凡出山下而有洌者，诚无过京师之玉泉。"遂把玉泉定为"天下第一泉"，称其为"功德无双水"。据1934年测量，冬季出水量2.0立方米／秒，夏秋季增大一倍。1949年测得总出水量为1.54立方米／秒。1975年5月玉泉水完全断流。

万　泉

　　万泉位于万泉庄村西，因泉源众多，平地涌现，故名"万泉"。清乾隆三十二年（1767）在万泉庄西南地下泉水最密集处兴建泉宗庙，用以祭祀泉神。乾隆皇帝将庙内外淙泉各赐以嘉名，立石以志。庙门外南曰大沙泉、小沙泉，北曰沸泉。庙门内名泉28处：东所厅宇对岸曰澍泉、屑金泉，曙观楼后曰冰壶泉、锦澜泉、规泉，山后度红桥曰露华泉、鉴空泉、印月泉，观澜亭畔曰藕泉、跃鱼泉、松风泉，扇淳室后为晴碧泉、白榆泉，向绿轩畔曰桃花泉，主善堂之西曰琴脉泉，秀举楼之右曰杏泉、澹泉，再南曰浏泉，枢光阁东配殿南为洗钵泉，西所依绿轩右曰浣花泉，辉渊榭之南曰漱石泉，桥畔曰乳花泉、漪竹泉、柳泉、枫泉、云津泉，乐清馆之南方池曰月泉、西曰贯珠泉。28泉皆有御书。众泉汇流于巴沟桥，北流为万泉河。泉宗庙毁于清末。20世纪70年代泉水断流。

双清泉

　　双清泉又名双井，位于海淀区香山公园双清别墅院内，因两清泉并涌而得名。相传晋代道士葛稚川在此取水炼丹，故有"丹井""丹沙泉"之名。金章宗有梦中矢发泉涌之说，又名"梦感泉"。明代《南濠集》记载了一段关于金章宗完颜璟香山梦感泉的传闻："金章宗常至其地，梦矢发泉涌。且起掘地，果得泉。其后僧以泉浅浚之，遂隐。"元世祖忽必烈亦有挖地喷泉的传说，始称"双清泉"。清乾隆皇帝于辛未年（1751）御书"双清"二字，镌刻在泉西侧石壁上，至今犹存。泉已干涸。

卓锡泉

　　卓锡泉又名水泉，是碧云寺水泉院里的清泉。卓锡泉自古有名，元人曾以"此水从何至，涓涓昼夜流。绕松生翠色，灌竹长清幽。能解三旬暑，还生六月秋。碧云天上寺，高耸拱神州"的诗句赞美卓锡泉水质的甘甜爽口。明人沈守正《游香山碧云二寺记》载："……独寺后一泉出石根，冬夏不涸，导为方池，植白莲其中……

泉绕寺中，庖湢皆资之……殿前一池大于香山，清亦较胜，鱼如空游。"《长安客话》中记载："水自引寺后石岩出，喷薄入小池，人以卓锡名之。寺僧导之过斋厨，绕长廊，出殿两庑，左右折复汇于殿前石池，金鲫千头。"卓锡泉水质清纯，缓流淙淙若琴声。泉水汇而为池，清澈可以照人。

水源头

水源头又名水尽头，位于卧佛寺西北部樱桃沟内。《天府广记》有"水源头两山相夹，小径如线，乱水淙淙，深入数里"的记载，孙承泽《天府广记·退谷小志》又有："（水源头处）有石洞三，旁凿龙头，水喷其口。又前数十武，土台高突，石兽更巨，蹲踞台下。相传为金章宗清水院。章宗有八院，此其一也。"历史上泉流甚旺。

明代中叶，水源头成为文人墨客争相游览的胜地，明代文徵明、谭元春、倪元璐，清代朱彝尊、王世祯、汤右曾、宋荦等曾游览此地，留下了不少吟咏水源头的诗篇。

1985 年 3 月，水源头首次干涸，后虽有泉水，已成涓涓细流。因其水质好，沏茶味香，每天清晨有几百至上千人到此排队接水。

黑龙潭泉

　　黑龙潭泉又名玉斗潭泉，位于海淀区温泉乡太舟坞村西。龙潭约10亩，深数尺，水清稍带褐色。传说有黑龙潜其中，故名"黑龙潭"。泉水出露于石灰岩溶洞，水足时，则自东垣下泻，潺潺有声，溢于山下田间。附近之灌溉饮用，均取于此。1950年前后出水量0.4立方米／秒，1979年泉水断流。

珍珠泉

　　珍珠泉位于延庆区珍珠泉村南150米处的菜食河北岸阶地上，海拔650米。泉水自地下涌出，终年不断。水中含有大量气体，形成串串气泡，如万珠翻滚，故名"珍珠泉"。至1994年，泉的四周已被水泥圆池围住，泉面积8平方米，泉水日涌出量14立方米，水质为重碳酸钙—镁型。

百　泉

百泉位于昌平区马池口镇百泉庄村，泉水来自响潭沟、关沟、虎峪沟 3 条沟涧流水，出山口流至旧县村西沙底河床，潜流入地下，到百泉庄又涌出地面，形成百泉竞涌的景象，其中原泉、黄泉、响泉涌水如柱，小溪长流。1958 年后上游修建响潭水库、虎峪水库，水源被截流，泉水日少，1976 年后清泉枯竭。

白浮泉

白浮泉，又名"龙泉"，出于昌平区城南 2.5 千米的龙山（又名"神山"，为土石山，直径约 200 米，高 150 米）。小山林木茂密，明洪武年间在山顶建"都龙王庙"，南麓山下建"下寺"，为祭祀、祈雨之用。当年，在白浮泉头修建有水池，水出处有青石雕刻的九个龙头，取名九龙池。水从龙嘴喷出，溅出水花如玉珠，因此有"九龙戏水""九龙喷玉"之称。

1958 年十三陵水库建成后，出水日渐减少。20 世纪 70 年代后泉水断流，不再有昔日泉水喷涌的壮观景象，但它作为京杭大运河的起点，将永载漕运壮丽的史册。著名历史地理学家侯仁之有过这样的评价："与历史上之北京城息息相关者，首推白浮泉。"2013 年，大运河白浮泉遗址被列为全国重点文物保护单位。

九龙池

关于九龙池，光绪《昌平州志》如是记载："在昭陵西南千山崖下，凿石为龙头，泉出其吻，潴而为池。"九龙池上有粹泽亭，明嘉靖十五年（1536）建。1954 年 4 月泉水流量 0.058 立方米／秒。1960 年 5 月德胜口水库建成后，池水出流减少。1981 年 5 月泉水流量 0.0018 立方米／秒，现有水无量。

甘池泉群

甘池泉群位于房山区长沟西北，有轩辕寺泉、西甘池泉、东甘池泉和北甘池泉 4 个主泉。北魏《水经注》载："称甘泉，以泉水甘冽而名。"

马刨泉

马刨泉位于房山区牛口峪村东，民国《房山县志》载："泉从地涌，奔驰迅速。"20世纪70年代初，牛口峪水库建成，泉水遭污染。

万佛堂泉

万佛堂泉位于房山区磁家务村西万佛堂下。《水经注》载："岭（大房岭）之东首，山下，有石穴，东北洞开，高广四五丈，入穴转更崇深，穴中有水。"清咸丰《房山志料》载："水出数丈，外披涧草……土人截涧水激轮以屑麦。"至民国年间，水量犹丰，流量近2立方米/秒。1973年测得最小流量0.1立方米/秒，近乎断流。

汤 泉

汤泉位于怀柔区喇叭沟门满族乡上帽山小梁子汤泉沟内。泉水涌出量为 0.01 立方米 / 秒，水流长年不息，不受季节影响。水温保持在 29℃，冬季气温低时，水面上水汽蒸腾，有如一锅沸汤，故当地人称之为"汤泉"。距汤泉不足 15 米处又有一小泉，水量不足 0.0005 立方米 / 秒，但温度与汤泉大异，汤泉温暖如春，小泉则冰凉刺骨。利用汤泉水种的水稻做饭喷香可口，煮熟的米粒黏度很大，7 粒米尖对尖接在一起，可成串提起。

水 库

　　中华人民共和国成立后，北京境内先后兴建了库容 10 万立方米以上的水库 85 座。其中库容 1 亿立方米以上的大型水库 4 座；库容 1000 万～1 亿立方米的中型水库 16 座；库容 100 万～1000 万立方米的小 I 型水库 17 座；库容 10 万～100 万立方米的小 II 型水库 48 座。北京的水库总库容 72 亿立方米，蓄洪、调控面积覆盖全市山区总面积的 60%。

官厅水库

官厅水库位于北京延庆区与河北省交界的官厅村，可控制北京地区永定河流域面积的 92.3%，约 4.34 万平方千米。永定河流域暴雨集中，水土易流失，洪水含沙量大，下游河道纵坡缓，沿途泥沙淤积，河床抬高，形成地上河，经常泛滥，严重威胁北京及下游河北省、天津市一些地区的安全。

中华人民共和国刚刚成立时，为保证首都及下游河北省地区的防洪安全，为首都工、农业发展和城市建设准备水源，政务院决定建设全国第一座蓄水 22.7 亿立方米的大型水库——官厅水库。水库防洪库容 10.7 亿立方米，兴利库容 6.0 亿立方米，堆沙库容 6.0 亿立方米。设计洪水标准为千年一遇，洪峰流量 8800 立方米/秒。

水库工程于 1951 年 10 月 15 日开工，1954 年 5 月建成。后经多次改扩建。1987 年水库扩建，1989 年完工，设计库容增至 41.6 亿立方米，其中防洪库容提高到 29.9 亿立方米，设计水位 484.84 米高程时，相应水面面积 262.89 平方千米。按千年一遇洪水设计，洪峰流量 1.146 万立方米/秒；根据可能最大洪水校核，洪峰流量 1.8 万立方米/秒。正常蓄水位 479 米，汛期限制水位 476 米。自水库建成至 2000 年，官厅水库上游多次发生洪水，均被有效拦蓄，其中入库流量大于 1000 立方米 / 秒的有 7 次，大部分拦蓄。1953 年汛期，入库洪峰达 3400 立方米 / 秒，是有水文记录以来的第二次大洪水，经水库拦洪调蓄后，仅下泄 827 立方米 / 秒，削减洪峰 75.6%，减淹耕地 3.45 万公顷（51.75 万亩），在建设中即发挥了效益。经还原计算，仅其中 4 次拦洪即减淹耕地 8.21 万公顷（123.15 万亩），大大减轻了下游洪涝灾害。1980 年 8 月，库水位达到 478.81 米，为建库以来最高水位。

官厅水库建成后到 2000 年，累计向京、津、冀供水 260 余亿立方米，其中向北京供水 210 余亿立方米。

2001 年开始实施官厅水库清淤应急供水工程。工程主要内容包括临时导流渠开挖、连通渠开挖、黑土洼挡泥堤填筑及永定河主河槽开挖。应急清淤完成后，短时间解决了问题，但 2003 年至 2005 年连续三年从官厅上游河北、山西向官厅水库调水，调水流量大于 30 立方米 / 秒，使永定河库区与妫水河库区的连通渠以及永定河库区的拦门沙坎多次发生淤积，为此，2006 年 3 月起至 2010 年 10 月又多次实施拦门沙坎清淤工程，共计完成清淤总量约 81 万立方米。

斋堂水库

斋堂水库位于北京门头沟区斋堂镇，是永定河支流清水河

斋堂水库

上的一座以防洪为主的中型水库，主要功能是为永定河干流拦洪错峰、减轻水库下游水害。防洪标准按百年一遇洪水设计，千年一遇洪水校核，水库原设计总库容 5420 万立方米，控制流域面积 354 平方千米。斋堂水库自 1969 年 10 月开始筹建，建成于 1974 年 9 月。经过 30 多年运行，多次出现大坝坝坡塌坑沉陷等问题。2003 年 11 月，北京市永定河管理处委托市水利规划设计研究院进行水库安全评价，指出斋堂水库大坝为三类坝，属于病险土坝；同年市水利局组织专家对《斋堂水库安全评价报告》进行鉴定，认定水库大坝、溢洪道、输水管、泄洪洞等存在安全隐患。2005 年 6 月 20 日水利部大坝安全管理中心通过《关于斋堂水库三类坝安全鉴定成果的核查意见》，同意斋堂水库为三类坝的鉴定结论。同年，市规委、市发展改革委批准斋堂水库除险加固工程初步设计报告，核定工程总投资 8809 万元。工程于 2005 年 8 月 18 日开工。加固工程主要内容包括：在原防渗墙下游 3 米处新建混凝土防渗墙；对溢洪道、泄洪洞进行加固，混凝土表面进行防碳化处理；拆除原输水管进口斜拉闸门，改建为进水塔，输水管内衬 DN1300 钢管加固；大坝上下游护坡采用灰白色花岗岩块石干砌形成网格，卵石干砌填芯。2010 年 6 月 24 日通过竣工验收。共完成土石方开挖回填 58000 立方米，斜墙黏土回填 11214 立方米，沙砾料填筑 52552 立方米，防渗墙混凝土 8023 平方米，砌石 27899 立方米，钢筋 180.19 吨，植筋 19999 根。经过重新复核，设计洪水位 464.52 米，总库容 4602 万立方米，设计洪峰流量 1610 立方米 / 秒。

密云水库

密云水库位于密云城区北，两座主坝分别建在潮白河支流潮河和白河之上。水库控制潮白河流域面积 88%，约 1.58 万平方千米。按海河流域治理规划，密云水库原定于第三个五年计划期间修建。为解决防洪安全及发展农业灌溉，1958 年 3 月，北京市、河北省和水电部联合向党中央、国务院报告，要求提前修建。6 月 26 日，周恩来总理偕国务院，北京市、河北省和水电部有关领导和专家等前往规划中的密云水库勘察，6月底，党中央、国务院做出1958年修建密云水库的决定，并委派水电部副部长钱正英、河北省副省长阮泊生、北京市委农村工作部部长赵凡组成3人小组，全面领导建库工作。

1958年9月1日，水库工程正式开工，河北省和北京市约20万人参加施工。1959年9月1日实现拦洪蓄水，1960年9月基本建成。密云水库是以防洪、供水为主，兼水力发电的综合利用水利枢纽工程，总库容43.75亿立方米，其中防洪库容18.52亿立方米，兴利库容19.01亿立方米。蓄水水面面积达180平方千米，时为华北地区最大的水库。

水库按Ⅰ等工程设计，主体建筑物有主坝两座（分别建于潮河、白河上），副坝5座，总计坝长4559米，坝顶高程160米，最大坝高66米（白河主坝）；输、泄水隧洞7条，溢洪道3座（最

密云水库

大泄洪量 1.666 万立方米 / 秒）；水电站两座（总装机容量 9.15 万千瓦），与白河蓄能电站配套的反调节池一座（即京密引水渠首），电站投入京、津、唐电力系统工作，担任系统中的峰荷及调频、调相等任务。

水库设计洪水标准为千年一遇，洪峰流量 1.65 万立方米 / 秒，校核洪水标准为万年一遇，洪峰流量 2.33 万立方米 / 秒。正常蓄水位 157.5 米，汛期限制水位 147.0 米。

水库自 1959 年拦洪运行以来，至 2000 年，尚未达到过设计洪水位，但拦蓄了上游发生的历次洪水。1960 年后发生大于 1000 立方米 / 秒的洪峰 19 次，其中大于 2500 立方米 / 秒的 6 次，最大的一次发生在 1994 年，洪峰流量 3670 立方米 / 秒，全部拦蓄在库中。19 次拦蓄洪水，约计减免灾害面积 128 万公顷次，同时为下游河道的梯级开发、水环境建设创造了条件。

1994 年 9 月 16 日，密云水库水位达到历史最高蓄水位 153.98 米，相应库容 33.58 亿立方米。为确保密云水库安全运行，根据水利部发布的《水库大坝安全鉴定办法》的规定，清华大学张光斗院士和当年参加过密云水库设计施工的专家、教授建议对密云水库进行全面安全检查。1998 年 11 月，水利部根据《关于密云水库潮河主坝及几座副坝安全加固工程初步设计报告的批复》，开始了密云水库的加固工程。1998 年 8 月 11 日潮河主坝加固工程开工，1999 年 3 月底，水中抛石基本完成，2001 年 10 月主体工程通过初步验收。

1998 年 3 月，国家计划委员会批准了北京市上报的可行性研究报告。同年 11 月，水利部根据《关于密云水库潮河主坝及几座副坝安全加固工程初步设计报告的批复》批准了初步设计。

水库运行以来，累计为京津冀供水 340 余亿立方米，达到了设计供水保证率 95% 的标准。其中，为北京市供水 200 余亿立方米，农业用水达 110 余亿立方米，工业、城市生活、环境用水 80 余亿立方米。

怀柔水库

怀柔水库建在怀柔城区西潮白河支流怀河上。1957 年，河北省通县专区根据《海河流域规划》决定修建白河灌渠。为有效调节灌渠水量，削减怀河洪峰，保护下游城镇和农田安全，同时，为保证白河灌渠顺利通过怀河河床及充分利用怀河水源，决定同期修建怀柔水库。1958 年 3 月 9 日水库工程开工，7 月 20 日建成。

水库控制流域面积 525 平方千米，占怀河全部流域面积的 50%，初建为中型水库。经 1964 年、1976 年、1983 年、1988 年多次改扩建后，成为一座集防洪、供水等功能于一体的综合利用型大型水库。设计洪水标准为百年一遇，洪峰流量 5059 立方米 / 秒；校核洪水标准为 200 年一遇，洪峰流量 8534 立方米 / 秒。总库容 1.44 亿立方米，其中防洪库容 1.045 亿立方米，兴利库容 6550 万立方米。正常蓄水位 62 米，汛期限制水位 58 米。到

怀柔水库

2000年，入库洪峰流量大于200立方米/秒的有12次（怀河下游河道行洪能力为200立方米/秒），大部分拦蓄库内。1972年发生大水，怀河洪峰流量曾达3855立方米/秒，经水库调蓄后下泄，下游未发生洪灾。库水位先后5次达到设计洪水位，均安全渡过。

怀柔水库还具有京密引水渠调节库功能，北京自来水九厂一期工程，引密云水库水需经怀柔水库调节再输入自来水厂。自1959年至2000年，水库累计供水量约150亿立方米，其中水库自产水供水量20余亿立方米，经水库调节转输京密引水渠来水量（有效供水部分）130亿立方米。除供给城市生活及工业用水外，还与京密引水渠联合运用，控制郊区农田灌溉面积6.67万公顷（100万余亩）。

海子水库

海子水库位于平谷区洵河岸边海子村。1959 年 9 月 27 日，北京市和河北省决定，由北京市和河北省唐山专区分别兴建海子、城下水库（在兴隆县）。海子水库上游流域面积 431（后修正为443）平方千米，其中城下水库控制 314 平方千米。城下水库在上游，以发电为主；海子水库以防洪、灌溉为主。海子水库初建时设计总库容为 4980 万立方米。1959 年 10 月 18 日开工修建，1960 年 6 月基本建成。

水库建成后，防洪蓄水效益显著。因城下水库未建，1968年北京市决定续建海子水库。工程于 1969 年汛前基本完成。库容增加到 5360 万立方米。1973 年 7 月，水电部召开京、津、冀供水规划会议，决定扩建海子水库，以提高水库防洪能力，减轻对下游的洪水威胁；增加蓄水库容，扩大灌溉面积，并适当提高发电能力。工程 1974 年 3 月开工，1983 年 2 月竣工。扩建后总库容达到 1.21 亿立方米，成为大型水库。其中防洪库容 4100 万立方米，兴利库容 9455 万立方米。

水库建成以来，流域内多次发生洪水，至 2000 年，入库洪峰流量大于 500 立方米/秒的 5 次，大于 1000 立方米/秒的 2 次，大部分拦蓄库内。1962 年 7 月 25 日，入库洪峰流量 1750 立方米/秒，为建库以来最大洪水，水库发挥了拦洪、滞洪作用，削减洪峰56%，推迟洪峰到达下游地区的时间，减轻了下游灾害。水库建成后即发挥灌溉效益，至1967年年均灌溉用水量2210万立方米；续建后，灌溉面积扩大到5220公顷（7.83万亩），年均用水量增至3418万立方米；扩建后，灌溉面积达5507公顷（8.26万亩），因水库下游农田改用机井和喷灌，年均用水库水量1811万立方米。自水库建成至2000年，拦截上游来水量40余亿立方米，其中用于灌溉的水量共10余亿立方米。

2003年，天津市蓟县在海子水库上游修建了一座跨流域调水水库——杨庄水库，该水库控制海子水库上游2/3的流域面积，通过隧洞将水引到蓟县的于桥水库，使海子水库入库水量大大减少。为拦截将军关石河径流及地下潜流，弥补天津蓟县杨庄

海子水库

截潜工程对海子水库的负面影响，平谷区决定实施海子水库补水工程。补水工程主要建设内容包括：在将军关石河上建高 3 米、长 40 米、宽 2.1 米的拦河坝挡水，拓宽拦河坝上游河道，加固河道围堤 686 米，疏浚下游河道 146.2 米，沿将军关石河布置砼截渗墙，墙底深入基岩 1 米，平均深 11.1 米，厚 0.8 米，墙总长748.8 米，在拦河坝轴线左岸上游 48.9 米处设引水口，开挖 3.0×4.0米（宽×高）的城门洞型隧洞 1670 米至海子水库主坝库区上游右岸 48.1 米处出口。拦河坝设溢流坝、冲砂坝，取水口设进水闸，集水井坝下建交通桥，均按 50 年一遇标准设计，防护围堤按 20年一遇标准设计。海子水库补水工程 2005 年 12 月 25 日开工，2008 年 5 月完工。海子水库建成后曾多次出现渗漏问题，并历经灌浆处理。2008 年，因渗漏严重，采用帷幕灌浆法对 1# 副坝、2# 副坝、南副坝南坝头进行了防渗处理，同时对南副坝上游进行了加密帷幕灌浆。在北坝下游布置了 8 个观测孔；建设地埋式污水处理装置 1 套，铺设排水管 150 米。工程于 2008 年 9 月 30日开工，2009 年 8 月 28 日完工。

十三陵水库

十三陵水库位于昌平区北部温榆河支流东沙河上，水库紧邻明十三陵地区，因而得名。1958 年 1 月 21 日开工，当年 7 月 1 日竣工。是一座库容为 8100 万立方米的中型水库。控制流域面积 223 平方千米，设计洪水为 50 年一遇，校核洪水为 200 年一遇。水库建成后，上游洪水全部拦蓄库中，形成较大水面，为发展旅游创造了条件。同时水库作为十三陵抽水蓄能电站的下池，为电站投产发电起到了重要作用。

1990 年，位于水库右坝前的九龙游乐园建成并对游客开放，十三陵水库成为北京的一个旅游区。1992 年为防止位于水库右坝前的上游古河道渗漏，在水库大坝上游 2800 米处的库尾修建了一道长 1300 米，均深 28 米，最深处 35.4 米的地下防渗墙，阻断了古河道的渗漏通道。1991 年开始，华北电管局利用十三陵水库作为下池，在库北蟒山顶上修建上池，建设十三陵抽水蓄

十三陵水库

能电站。1995年第一台机组投入运行，至1997年7月4台机组全部投入运行，总装机容量80万千瓦。2003年3月，对大坝进行了加固，主要内容为拦河大坝加固、溢洪道拆建及金属结构设备安装、输水系统改造、办公楼及自动化系统建设。2005年6月29日通过工程验收，移交十三陵水库管理处管理。2007年，经重新复核，水库达到百年一遇洪水设计，两千年一遇洪水校核标准，相应设计洪水位98.04米、校核洪水位101.89米，相应水库总库容7310万立方米。

白河堡水库

白河堡水库位于延庆区白河堡乡潮白河支流上，1970年9月动工，1990年全部竣工，控制流域面积2657平方千米。该库拦截白河的水流，库容9060万立方米。按百年一遇洪水设计，千年一遇洪水校核。因其位置较高，跨流域沟通密云、官厅、十三陵3座水库，成为调配北京水资源的水利枢纽。该库虽属中型水库，但因其既能灌溉延庆地区1.33万公顷（20万亩）农田，又能为官厅水库和十三陵水库补充水源，因而是北京市重要的地表水联调工程之一。

引水工程

随着城市规模的扩大、皇家园林的兴建，北京自辽金始，需水量大增。为满足宫廷、宫苑用水及漕运、防火、防卫等需求，除开发利用地下水外，还不断兴建引地表水进城的水利工程。而现代化的城市供水工程则始于光绪三十四年（1908），北京开始建设第一座自来水厂。2002年12月27日，国务院在人民大会堂举行了南水北调东线工程开工仪式。2014年12月12日，中线一期工程正式通水运行。

据史料记载和考古挖掘证实，北京地区自东周以来就开凿大量水井，地下水是当时居民生活的主要水源。元代为解决大都几十万居民、军士及宫廷生活用水，全城除利用水井外，还设有公共供水设施"施水堂"，用立式水车汲水，至为方便。明代由于城区地下水咸苦，以致京师各巷有汲"甜水"者，车水相售。清代，城区各街巷水井普及。据光绪十一年（1885）的统计，京师内外城 12 个地区共有水井 1200 多眼。民国年间，出现了压水机井，与土井并用。

辽金时期，随着城市规模的扩大，皇家园林的兴建，北京需水量大增。为满足宫廷、宫苑用水及漕运、防火、防卫等用水需求，除开发利用地下水外，还不断兴建引地表水进城的水利工程，先后有中都城太液池引洗马沟水，积水潭引西山水，通惠河引白浮水，金口河引永定河水等。而现代化的城市供水工程则始于光绪三十四年（1908），北京开始建设第一座自来水厂，初期仅能供 3000 人饮用，绝大多数城区人口仍然饮用河水或井水。

1919 年，在石景山地区建成的龙烟钢铁公司石景山炼铁厂和华商电灯公司的工业用水，分别于三家店附近引永定河水。这是北京现代工业开发利用永定河水的开始。当时因永定河上无调蓄工程，引水极不稳定。1945 年前后，还曾兴建安定门水厂（今第二水厂），但未能供水。

1949 年中华人民共和国建立时，城区供生活用水的自来水厂仅有1座，日供水能力5.8万立方米，用水人口不足城区人口的三分之一。原有的引地表水进城的工程，仅存玉泉山水源和长河水道，水量也只有1立方米/秒左右。水量不足以供城区的用水，严重制约着城市建设和经济的发展。

1949年，为解决城市人民生活用水，着手改造安定门自来水厂，并于当年5月供水，此后又相继兴建新的水厂。1954年，建成官厅水库，1957年又建成永定河引水工程，使北京城市发展有了稳定、可靠的水源。1960年、1966年密云水库和京密引水工程建成后，城市人民生活和工、农业发展用水更加有了保障。到1995年，城市自来水厂已达12座，水源井202口、补压井98口，引水渠（管）道多条，日供水能力达247万立方米。

为配合水厂建设，对自来水供水管线也进行了大规模改造和建设，形成供水管网，实现地下水水厂与地表水水厂的联合调度。供水范围东至大郊亭，西至石景山老山居民区，北至清河、南到大红门，年供水量稳定在8亿多立方米。

此外，据1959年统计，城区还有自备井325眼，年开采水量为0.7亿立方米，1976年高峰时达4亿立方米。此后，由于采取节水措施，至1995年市区自备井约2377眼，年开采量3.29亿立方米。

经过40余年的建设，城市供水地表水水源有官厅、密云、怀柔、白河堡等大中型水库，以及由永定河引水渠、京密引水渠等供水渠道形成的供水网，总引水能力达70立方米/秒以上，并实现了4座水库的地表水联合调度。城市供水工程形成网络系统，对促进城市发展、经济增长、人民生活提高和环境改善起了重要作用。同时，伴随市区规模扩大，人口迅速增加和经济飞速发展，需水量日益增加；再加上20世纪70年代至80年代，北京地区出现连续干旱，给城市供水造成极大的困难和压力。

由于地下水过量开采，致使地下水水位急剧下降，漏斗区不断扩大，东郊地区出现地面下沉，西郊地区含水层已处于疏干、半疏干状态。为保证城市生活用水，市政府采取了多项措施，一方面自郊区引水进城，扩大水源；另一方面，加强工业用水计划管理，增加循环利用设施，提高水的重复利用率；生活用水普遍安装计量水表，取消用水包费制等。到1995年，全市供水紧缺状况虽有缓解，但尚未从根本上得到解决。

由于水资源不足，地表水水厂和配水管网建设滞后，常常出现供水紧张，也难有效地实现地表水和地下水的联合调度。彻底解决市区供水紧缺状况，仍需从开源（设法从外地引水入京）和节流（节约用水，包括污水处理再利用）两方面入手。

车箱渠

车箱渠是北京地区最早的灌溉工程。三国魏嘉平二年（250），征北将军刘靖镇守蓟城，派遣丁鸿率军士千人，在今永定河修戾陵遏，开车箱渠，引永定河水经高梁河，开展灌溉，每年可浇灌

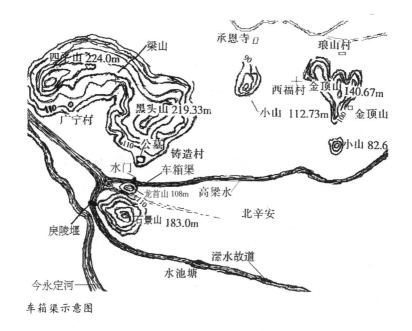

车箱渠示意图

农田 20 平方千米。魏景元三年（262），樊晨奉诏，改造戾陵遏，更制水门，延伸高梁河水道，扩展了灌溉面积。"水流乘车箱渠，自蓟西北径昌平，东尽渔阳潞县，凡所润含四五百里，所灌田万有余顷"。晋元康五年（295），洪水暴发，戾陵遏被毁。刘弘（刘靖之子）派 2000 将士进行修复。北魏正光二年（521），幽州刺使裴延俊派卢文伟又进行修复。唐末五代战乱后，戾陵遏失修，车箱渠淤塞殆尽。这项引水工程断断续续使用了近 400 年，对解决古代北京的灌溉用水发挥了积极的作用。

金口引水

　　金代在辽代南京城的基础上扩建而成的中都城，成为当时中国的统治中心。为解决漕运问题，金大定十年（1170），议定于金口开河引卢沟水（永定河）通京师漕运。大定十一年（1171）十二月开工，翌年三月竣工。金口河行经"自金口疏导至京城北入濠，而东至通州之北，入潞水"（金史《河渠志》）。

　　金口的位置约在今石景山北麓，渠首在今麻峪村，取水口处设有临时堰坝，导永定河水入三国时期开凿的车箱渠故道，然后接金沟河，向东南行过玉渊潭，再南折入中都北护城河，再向东至通州入北运河。但这条引水河道，因"地势高峻，水性浑浊……不能胜舟"而失败。金大定二十七年（1187），金世宗认为金口河倘有意外，都城将遭不测，而将其堵塞了事。元至元二年（1265），郭守敬奏议重开金口河："上可致西山之利，下可广京畿之漕。"措施是"金口西预开减水口（溢洪道），西南还大河（卢沟），令其深广，以防涨水突入之患"。此奏议为元世祖采纳，于至元三年（1266）十二月"凿金口，导卢沟水，以漕西山木石"。大德三年（1299）"浑河水发，为民害，大都路都水监将金口下闭闸板"。大德五年（1301）"浑河水势浩大，郭太史（守敬）恐冲没田、薛二村，南北二城，又将金口以上河身用砂石杂土尽行堵闭"。

这次开的金口河，由于设计周密，使用了30年左右（《国朝文类》卷五十《知太史院事郭公行状》）。《元史·河渠志》载：至正二年（1342）正月，中书参议孛罗帖木儿、都水傅佐建言再开金口河，"放西山金口水东流至高丽庄合御河（均在今通州境内），接引海运至大都城内输纳"。是时，脱脱为中书右丞相，"以其言奏而行之"。脱脱亲自指挥，调集十万人力，"百工备举至十月毕竣"。这次金口河的取水口，从麻峪村上移到三家店。

据《洪武北平图经志书》记载："元至正二年重兴工役，自三家店分水入金口河，下至李二寺，通长一百三十里，合入白潞河（今北运河）"，称金口新河。金口新河闸两孔，单孔宽6米，改铸铜闸板。在施工中，"将金口旧河身开挑，于聚水处做泊子，准备阙水使用。挑至旧城，又建二闸，将此水挑至大都南五门前第二桥"。新凿从旧城至顺承门（今西单稍南）一段河道，即所谓"顺承门西南新河"。

当时移民拆迁工作量很大，"大废民居房舍，酒肆茶房"。新河竣工后，启闸放水，"流湍势急，泥沙壅塞，船不可行。而开挑之际，毁庐舍坟茔，夫丁死伤甚众。又费用不赀，卒以无功。继而御史纠劾建言者，孛罗帖木儿、傅佐俱伏诛"。

金口引水路线与现代修建的永定河引水渠线十分接近。

金口引水示意图

白浮引水

元建大都后，为解决通州至都城漕粮运输，急需开凿运河。都水监郭守敬经对北京地区水资源及地形进行详细勘察，总结以前开凿金口引卢沟水的经验教训，于至元二十八年（1291）提出开凿白浮引水为漕运河道水源的宏伟计划。奏准后于至元二十九年至三十年（1292—1293）开凿。

引水渠首在昌平龙山附近，筑有白浮堰，截住往东南流的神山泉水，绕过神山（今龙山）西南行。沿途汇诸泉水，在青龙桥附近入瓮山泊（今昆明湖），故引水道又称白浮瓮山河（亦称白浮瓮山）。

引渠全长50余里，其路线与现代京密引水渠的区段十分接近。瓮山泊以下，经南长河、高梁河，自西水门（和义门北）入大都城，到达积水潭。为通惠河提供了较为丰沛的水源，瓮山泊成为通惠河的调节水库。

白浮瓮山河两岸都筑有堤防，且与诸山水通过"笆口"多次相交，据记载共有12处。山洪暴发时堤岸常被冲决，致后人多有修治。《元史河渠志》载：引渠建成10年后，大德七年（1303）"六月九日夜半，山水暴涨，漫流堤上，冲决水口"，役军夫993人，用10天修复。十一年（1307）又"崩三十余里"，花费半年时间治理。皇庆二年（1313），因"白浮瓮山堤多低薄崩陷处"，耗工7万余，历时半年修治了37里。而在以后的元末明初几十年间，朝代更迭，战乱频仍，而未予修治，致全线湮塞。

西山引水

清乾隆三十八年（1773）开香山引河（又称东南泄水河或南旱河），注沥水于玉渊潭，沿三里河入西护城河。

京城西山一带，有名泉30多眼。为汇集西山诸泉水以解决城区特别是昆明湖扩挖后对水的需求，乾隆年间修建了两条石槽：一条石槽从香山樱桃沟引水，引水石槽长约7000米，入四王府广润庙内方池，另一条石槽由碧云寺引水。碧云寺水泉有二，一在寺左水泉院，一在寺右。二泉合流入香山的见心斋，再南流经石槽东行至广润庙内方池，再会合玉泉水。

据《日下旧闻考》称：两条石槽"皆凿石为槽以通水道，地势高则置槽于平地，覆以石瓦；地势下则于垣上置槽。兹二流逶迤曲赴至四王府之广润庙内，汇入石池。复由池内引而东行……入静明园……"

清末，八国联军入侵北京后，西山诸园被毁，石槽失于修治而渐毁废。

永定河引水

永定河官厅山峡段坡陡流急，从三家店出山后，虽水流渐缓，但因水量不稳，丰枯悬殊，且含沙量大，河上又无调蓄工程，历史上曾多次兴建引水设施，均未能持久。

1954 年，官厅水库建成，控制了永定河上游洪水，拦截泥沙，调节水量，为修建向城区供水的永定河引水工程（以下简称"永引"）创造了条件。9 月，市上下水道工程局编制《永定河引水工程计划任务书》，提出建设引水工程的主要目的：一是以北京近期发展的石景山工业区为主要供水对象；二是解决一部分人民生活用水、河湖用水和稀释河道污水用水；三是利用稀释后的污水发展灌溉，为郊区农业增产创造条件；四是为规划中的京津运河准备水源。

1955 年 1 月 29 日，中共北京市委向中央呈报《北京市委关于永定河引水工程问题向中央的请示》，11 月 20 日国家计划委员会批复同意《北京市永定河引水工程设计任务书》。工程于 1956 年 1 月开工，翌年 4 月建成通水。引水渠起自门头沟区三家店永定河拦河闸，过模式口、西黄村，沿南旱河旧道，经半壁店、罗道庄进玉渊潭，过木樨地、白云观，于西便门入护城河，全长 25.13 千米。初建时最大引水能力 30 立方米／秒，此后两次扩建，引水能力达 60 立方米 / 秒。

《永定河引水工程计划任务书》在上报中央的同时，中共北京市委立即组织力量，对引水流量、引水线路等进行规划设计。规划引水量在保证率 50% 时，为 30 立方米 / 秒。由于需水量远大于可供水量，引水工程只能解决城区近期需求，远景则需另谋水源。

规划最初方案是：在门头沟区三家店附近设置渠首枢纽，以海淀区高水湖、养水湖、昆明湖为终点；考虑北京电力缺乏，渠线集中落差修建模式口和杏石口两座水电站。工程初步设计，由水利部北京水利水电勘测设计院和市市政工程设计院联合组成设计小组完成。方案确定以三家店为渠首枢纽，设拦河闸 1 座，按百年一遇洪水 5000 立方米 / 秒设计，千年一遇洪水 7700 立方米 / 秒校核，引水最高水位为 108.5 米，最低水位 106.2 米，调节池库容 66 万立方米。拦河闸净宽 204 米，17 孔，孔宽 12 米，安装 12 米 ×8 米弧形钢闸门，闸底高程 102 米，闸墩顶高程

永定河湖心岛

111米,墩上北部设机架桥,南部设公路桥。闸左侧设进水闸,2孔,孔宽4.5米,孔口高2.2米,每孔过水流量为30立方米/秒。进水闸以下渠道,采用断面小、坡度大的断面,以便将泥沙输送至沉沙池(施工时决定沉沙池缓建)。渠线穿过模式口隧洞,洞形为内径4.2米的马蹄形无压隧洞,过隧洞后直达东侧山崖处,建模式口水电站。以下渠线沿西山脚下直达杏石口,建水电站1座。再下直通昆明湖,利用长河输水进城。

1955年6月,在进行技术设计时,对渠线作了较大修改。模式口以上渠段,发现"冰川擦痕"遗迹。1956年4月2日,地质部呈交《关于保存模式口冰川擦痕的意见》报国务院秘书厅,4月16日,国务院下发《关于永定河引水渠路线穿过模式口冰川擦痕问题的批复》,指出"为保存模式口冰川擦痕",可"改变线路",故将渠线南移250米,称绕山渠段。模式口电站以下渠线,向南移至较平坦地区,向东过西黄村后,利用南旱河下段,经过玉渊潭至西便门,直接与前三门护城河相接。并采取宽浅式断面,组成首都中心区的一条观赏风景河道。

为给城区北部河湖供水,另修一条从双槐树至紫竹院的支渠,名"双紫支渠",通过长河下段向城区供水。

1956年1月,永定河引水工程指挥部成立,由水利部和北京市人委联合组成,副市长薛子正任指挥。水利部建设工程总局第三机械工程总队负责渠首和模式口隧洞施工;电力部官厅水电工程处负责模式口电站施工;市上下水道工程局河湖工程处负责渠道和沿线水工建筑物施工。参加施工的还有北京铁路局和市道路工程局等单位。

渠道工程于1956年1月16日开工。土方工程主要依靠人工开挖,参加施工的是北京市和河北省的民工以及市各行各业的义务劳动者。驻京部队是义务劳动的主力,先后有11.3万人次和50余部车辆参加。6月底前竣工,共完成土石方300余万立方米,各种水工建筑物如渡槽、跌水、倒虹吸、桥涵等共72座。

渠首工程1月18日开工。利用右侧河床导流,先修左侧12孔拦河闸及进水闸、左岸翼墙和护坡,然后再修拦河闸右侧5孔和右岸翼墙及护坡。施工初期,闸基黏土与沙砾冻结坚硬,工程进展缓慢。到6月底,左侧工程才基本完成。8月3日,永定河出现较大洪水,三家店最大洪峰流量达2590立方米/秒,闸下游围堰被冲垮,经奋力抢救,保住了上游围堰和5孔闸基,工程未受较大损失。到12月16日,渠首工程完成,共浇筑混凝土和钢筋混凝土5万立方米,砌石3.3万立方米,挖土方26万立方米,回填土方8万立方米。

拦河闸和进水闸的启闭机,由北京矿业学院设计,闸门由丰台桥梁厂制造,启闭机由市第三工业局加工制造。安装工作队以淮河水利委员会安装队为主力,梅山水库、丰台桥梁厂、华北金属结构厂等单位支援电焊工、钳工等技术工人。闸门工程采取现场电焊拼接、一次整体吊装工艺。

模式口隧洞工程1月开工。洞长708米,由两端掘进,采用下导洞方式施工。2月,隧洞接近出口处连续发生塌方,5月30日突然发生大塌方事故,塌方量达3000立方米,洞口被堵18米,钢支撑全部压垮。后采用开挖小导洞，支立密排架的方法进行处理，处理塌方耗用了 7 个月。处理时将木支撑全部打在混凝土内，引水工程运行 40 年时进行检查，隧洞运行良好。隧洞共挖石方 2.17 万立方米，浇筑混凝土 9700 立方米。

模式口水电站工程水电站位于隧洞出口以下山岩地形末端，装机 2 台，容量均为 3000 千瓦，安全流量均为 13 立方米／秒。工程从 1 月至 6 月实行开挖、混凝土浇筑、机电安装同步进行。共完成土石方 18.83 万立方米，浇筑混凝土 1 万立方米。双紫支渠工程 3 月 11 日开工，8 月初完成，共挖土方 12.5 万立方米。永定河引水工程实际工期为一年零三个月。高峰期参加施工人员达 3 万余人，累计义务劳动 51 万人次。共完成土石方 410 万立方米、混凝土 7.8 万立方米，总投资 2612.5 万元。1957 年 4 月 24 日正式通水。

工程配套主要有为工业、农业配水的 4 项工程。增建水电站两座，一为玉渊潭水电站，一为田村水电站（亦称四号跌水电站）。玉渊潭水电站位于玉渊潭南，渠道临时跌水位置上，装机两台，容量均为 1300 千瓦，是水利部、中国科学院水利水电科学研究院的科学试验电站。由水利部北京水利水电勘测设计院设计，水利部水电总局施工，1959 年建成。1971 年 9 月，在四号跌水修建田村水电站，安装贯流式机组两台，市永定河引水管理处负责施工和管理运用。1974 年建成，后因水轮机组屡出故障而停用。1980 年机组改造后重新发电。增建工业配水工程石景山发电厂，原在永定河左岸三家店设泵直接从永定河取水。

永定河引水工程建成后，在干渠铁路倒虹吸上游建节制闸抬高水位，于右岸开口设闸引水，引水能力10立方米／秒。进水渠沿丰沙铁路至厂内贮水池；退水渠经金顶街至模式口水电站下游入永引渠。两渠均于1959年建成，总长6千米。

1969年，为配合修建丰沙铁路复线，永引渠局部改线。石景山钢铁厂，原在永定河左岸设泵直接从永定河取水。永引工程建成后，在老店跌水（一号跌水）下游右岸开支渠引水，经一段明渠至引水闸口，最大引水能力4.0立方米／秒，再经长6450米暗渠至厂内贮水池。

1967年，石景山钢铁厂将取水口移至老店跌水上游，并设闸控制，闸下游明渠亦改为暗渠。1960年，高井电厂兴建配水渠，于永引渠模式口隧洞上游932米处建节制闸，抬高水位，右岸开口引水。

节制闸采取闸和溢流堰结合形式，取水口有二，以自流方式分别进入1号、2号泵房，总引水能力为20立方米／秒。退水口于节制闸下游，退水入永引渠。1961年竣工投入使用，实际引水量为1.25立方米／秒。

113电站是一座备用地下电站，自高井节制闸上游取水，在干渠左侧设闸门1座，用直径800毫米管引水，最大引水能力为1.0立方米／秒。1971年11月建成投入使用。北京第二热电厂于1977年建成，自永引渠甘雨桥上游南岸引水，1978年于甘雨桥跌水上游建节制闸以抬高水位，设计冬季取水量6～8立方米／秒，春秋季8立方米／秒，夏季10立方米／秒，实际运用中只引 2 ~ 3 立方米／秒。退水入甘雨桥下游南护城河。为发展农业灌溉，增建农业分水闸，在永引渠沿岸先后建灌渠分水闸 25 座。

增建高井电厂热水管线，永引工程建成后，每至冬季永定河山峡冰凌大量倾下，严重影响水流。

为防止冬季渠道结冰，保证正常供水，由高井电厂设计、投资兴建热水化冻管线。主要安装在三处：一为公路倒虹吸，二为铁路涵洞，三为三家店进水闸。1968 年修建，当时因动力电压不配套等因素进水闸化冻管未能使用。后京西电厂建成，电厂退水使水温增高，冰凌减少，进水闸热水管线终未使用，其余两处每年冬季均在使用。

渠道扩建。20 世纪 60 至 70 年代，全市工农业用水不断增长，适值此时官厅水库来水较丰。鉴于需要和可能，1969 年对渠道进行扩建，引水量从 30 立方米／秒增至 50 立方米／秒。因模式口隧洞只能通过 40 立方米／秒，故需利用石景山发电厂进水渠做支渠，分流 10 立方米／秒，退水于模式口电站下游入永引渠。由市市政设计院设计，市永定河引水管理处组织区县民工参加施工。1970 年 3 月竣工，共完成土方 4.5 万立方米，浆砌石 4000 立方米，浇筑混凝土及钢筋混凝土 2700 立方米。当年 6 月份通水试验，验证渠道输水能力仍有潜力，同时因农业发展，要求更多的水量，市永定河引水管理处提出再次进行渠道扩建。由市水利勘测设计处设计，引水流量扩大为 60 立方米／秒。主要工程有展宽老店跌水堰口，加高、加固闸和翼墙，衬砌堤岸、护坡等。由市永定河引水管理处组织施工，1970 年 9 月开工，1971 年初竣工。完成土方 1.41 万立方米，石方 1.33 万立方米，混凝土及钢筋混凝土 567 立方米。

工程竣工后，至 1995 年，三家店进水闸总计引水 200 余亿立方米，利用永引渠沿岸工业用水户集中的特点，通过精心调度，合理引用和重复利用，实际为用水户供、配水总量达 300 余亿立方米。其中：为首都钢铁公司、市第一轧钢厂和北京钢厂等冶金企业供水 21 亿立方米；为高井发电厂、石景山发电厂、第一和第二热电厂等电力企业供水 170 亿立方米；为燕山石油化工公司等化工企业供水 11 亿立方米；为造纸、印染、酿造、建材等企业供水 1 亿立方米。为石景山、丰台、大兴、海淀、朝阳、通州、门头沟等 7 个区县农田（菜田）提供灌溉用水 91 亿立方米，灌溉面积 1978 年最高时达到 6.133 万公顷（92 万亩）；为城子水厂和田村山水厂供水近 3 亿立方米。另外，每年国际劳动节、国庆节等重大节日或重要活动，为城市河湖进行补水、换水，以保持水质清洁。总计补换水约 1 亿立方米。还结合防洪回灌地下水近 2 亿立方米。

京密引水

京密引水工程（又称京密运河，简称"京引"），是将密云水库拦蓄的潮白河水引进市区的建设工程。引水干渠长 110 千米，于 1961 年和 1966 年分两期建成。途经密云、怀柔、顺义、昌平、海淀 5 个区，在玉渊潭上游与永定河引水渠会合。

该渠从龚庄子进水闸起，经怀柔水库，顺义区西崔村，昌平区小辛峰和土城，海淀区温泉、青龙桥入昆明湖，再经六郎庄、蓝靛厂、定慧寺等地，于罗道庄与永定河引水渠汇合，原设计流量 20 ~ 40 立方米 / 秒。该工程分两期兴建。一期工程于 1960 年 11 月开工，翌年 4 月，龚庄子进水闸经怀柔水库至西崔村段基本完成，原设计的西崔村经沙河至东直门段工程停工缓建。1965 年 10 月，一期续建工程调整线路后和二期工程动工，1966 年 5 月全线竣工通水。1966 年 10 月对怀柔水库以上渠道扩建，翌年 4 月完工，该段通水流量由原设计的 40 立方米 / 秒增至 70 立方米 / 秒。1977 年至 1979 年，昆明湖改河工程动工兴建。

工程分为两段：北长河段沿旧河道从青龙桥南至团城湖进口闸，全长 838 米；昆南段从团城湖出口沿西南湖南岸开挖 1775 米新渠，在秀漪桥西建南门节制闸与昆明湖至玉渊潭段相接。工程竣工后实现了河湖分流。

京密引水渠

向阳闸引水

1981 年，北京地区严重干旱，城市水资源紧张。为了保证北京第一热电厂及东郊工业区用水，市政府提出修建向阳闸引水工程（即引潮入城工程）。在顺义城区北向阳村，横跨潮白河修建 23 孔、每孔宽 10 米的节制闸 1 座（名向阳闸），用管道引水至第一热电厂。所引水量主要是闸以上区间基流，最枯年月可引基流 2 ~ 3 立方米 / 秒。规划送水至第一热电厂 1.5 立方米 / 秒，补给通州生活用水 1 立方米 / 秒，闸上游基流还可给市第八自来水厂和当地农业用水补充地下水源。

引水工程由市水利规划设计研究院进行规划、设计。1983年开工，1984 年向阳闸建成后，供水管道工程未施工。

1987 年 4 月 28 日，市计委发出《关于建设高碑店热电厂等三个电厂前期工作问题的会议纪要》，市水利局建议由向阳闸拦蓄基流供水。1989 年 11 月 20 日，市计委责成市水利局尽快开展引水方案设计工作。引水流量按 1988 年 11 月 25 日会议和1990 年 2 月 20 日技术合同要求，确定向华能北京热电厂供水约0.6 立方米 / 秒，向第一热电厂供水约 0.3 立方米 / 秒，设计供水保证率为 97%，年用水量 3000 万立方米，因之规划引水量确定为 1 立方米 / 秒。

为保证引水量，在向阳闸上游西侧打井，必要时提取地下水，以保证热电厂用水。取水枢纽设于向阳闸西岸，设计输水线路长约46千米。上段自取水口至首都机场东侧的岗山加压泵站，长约17千米，为无压或低压输水，采用双排直径1.4米普通钢筋混凝土管。下段为压力输水，自加压泵站至建国路分水口为干管，长约20千米，采用双排直径0.8米玻璃钢管。

自分水口至华能北京热电厂为支管，长3.5千米，采用双排直径0.6米钢管。规划中还有一支管计划自分水口至一热电厂，长约5.3千米，由于没落实投资，未进行设计及施工。输水线路沿途经过顺义境内约20千米，通州境内约1.5千米，朝阳境内约24.3千米（含未建的5千米）。管道穿越顺义城北减河、小中河、温榆河、坝河、通惠河等5条河流，与京（北京）承（德）铁路、首都机场专用线和双桥铁路编组站进出线等3处相交，还与顺（义）高（丽营）路、顺（义）平（谷）路、姚家园路、朝阳路、建国路等公路干线相交，并穿越无线电台的天线区及多处鱼塘。

白河堡引水

白河堡引水工程于1970年至1990年兴建，包括向官厅水库、十三陵水库和灌区送水的引水渠，与白河堡水库同期开工、竣工。

工程的主要部分由南、北两条干渠组成。南干渠全长54.3

千米,其中西二道河以上为上段,长37.5千米,是向十三陵水库补水的渠段,最大流量14立方米/秒,从西二道河开挖十三陵水库补水渠,建明渠3.35千米,暗渠1.1千米,隧洞1.88千米,流量5立方米/秒,从碓臼石村引入德胜口沟,与十三陵水库连通。官厅水库补水渠从白河堡水库调节池到孔化营村北侧入妫水河,长7.4千米,最大流量20立方米/秒。北干渠全长24.6千米,用于灌溉,最大流量8立方米/秒。

引温入潮

　　1999年起,降水减少导致北京境内大小河道陆续干涸,而温榆河由于入河污水较多仍保持一定流量。顺义区在2003年就曾设想通过调用温榆河水解决城北减河和潮白河生态用水问题,但因河道水质较差没有实施。随着温榆河沿岸水质还清计划逐步落实,2006年顺义区再次提出建设引温入潮工程,经市政府批准,该工程被列为北京市"十一五"水资源配置重点项目,决定分两期实施。

　　一期工程。由鲁疃闸上游明渠自流引水至于庄砖厂废弃窑坑,再通过压力管线引至城北减河后入潮白河。高泗路(温榆河左堤)西侧取水引渠充分利用现有河滩地建成人工湿地,利用生物净化措施净化水质。进入引水管线的水质达到地表水Ⅳ类水体标准。

在城北减河和潮白河采取相应技术措施，使入河水质提高到优于Ⅳ类水体标准。设计工程总投资42334万元，其中工程费34722万元由市政府安排，拆迁资金7612万元由顺义区自筹。工程设计标准：年引水规模3800万立方米，水质改善工程日处理规模10万立方米。建设内容包括：取水工程，水质改善工程，泵站及管线工程。与主体工程同步实施温榆河、潮白河水资源调度实时监控系统，优化温榆河、潮白河水资源调度方案；同步实施潮白河沿线受水区地下水监测系统，实时监测、分析评价地下水质状况，及时采取应对措施。

取水口位于温榆河左岸鲁疃闸上游1.46千米处，取水口底高程24米，水位26.5米，最大引水流量5立方米／秒。在取水口处建有2万平方米人工表流湿地，利用滩地种植水生植物对河水初步沉淀、净化；取水明渠上接表流湿地，下接渠首闸井，全长181米，渠底宽2米，边坡1：2，由西向东至温榆河左堤（也称高泗路）西侧；渠首闸井，闸门2米×3.9米，用于拦蓄洪水和调节引水流量，最高挡水位为温榆河50年一遇洪水位30.6米，正常运用水位为26.5米；渠首闸井下接暗涵，暗涵为钢筋混凝土结构，断面2米×3.9米，沿温榆河左堤西侧边沟向北约70米，然后折向东穿温榆河左堤（高泗路），至于庄调蓄水池，全长337米；于庄调蓄水池为U型，库容79万立方米，水面面积14万平方米。

调蓄水池西北侧设水质改善及泵站枢纽工程，采用"加药絮凝＋膜生物反应器（MBR）"处理工艺，输水泵站设计流量2.5

立方米／秒，扬程 22 米。全线自动化监控系统，实现对闸门、加压泵站机组、水处理设备的集中控制。输水采用直径 1400 毫米的玻璃钢压力管道，设计最大通水流量 2.5 立方米／秒。管线走向：由输水泵站向东，沿十三支排水沟、京密路、顺于路、小中河，至城北减河橡胶坝下游，全长 13.2 千米。管道沿线预留有古城、工业区、七干渠、物流园区 4 个分水口，分水管道直径均为 500 毫米，为周边引水提供条件。

2007 年 3 月，一期工程开工，当年 10 月竣工。10 月 27 日，在泵站枢纽工程现场，由北京市发展改革委、北京市水务局、顺义区政府联合举办了引温入潮跨流域调水工程通水仪式。

2007 年至 2010 年，通过一期工程累计调水 5197 万立方米，为城北减河、潮白河（向阳闸至河南村橡胶坝段）提供了生态用水，为顺义新城发展和成功举办 2008 年第 29 届北京奥运会水上项目、2009 年第七届中国花卉博览会（北京展区）提供了良好的水环境。根据对受水区地下水位观测数据分析，河道周边浅层地下水位明显上升，地下水水质未发生明显变化，工程运行后达到了设计目标。

二期工程。2009 年开始实施二期工程。在一期水质改善枢纽工程西南侧，新建日处理规模 10 万立方米的水质净化处理工程，并与规划已批准的后沙峪污水处理厂合并建设。出水水质达到《地表水环境质量标准》Ⅲ类标准。工程投资 25321 万元，为市政府固定资产投资，征地拆迁补偿费 2874.31 万元由顺义区自筹。二期工程建设内容包括：河水预处理系统（日处理能力 10

万立方米）、污水预处理系统（日处理能力5.2万立方米）、膜生物反应池、臭氧接触池、清水调节池（调蓄容量5000立方米）、再生水提升泵站、一期与二期工程管线连接工程（260米）、改造一期输水泵站（将原使用的3台280千瓦、3台90千瓦的机组更换为6台160千瓦的潜水泵机组）以及附属配套设施。工程于2009年7月开工，至2011年10月完成。

运行管理。2007年9月，经顺义区机构编制委员会批准，成立顺义新城生态调水管理中心负责工程管理。同年在潮白河受水区两岸布设了47眼观测井，对地下水回补效果开展观测和研究。

南水北调

早在1952年，毛泽东主席视察黄河时就提出"南方水多，北方水少，如有可能借点水来也是可以的"。之后，长达半个世纪的南水北调工程开始了前期工作。20世纪70年代，华北大旱。80年代初，全国水资源评价结果：北方地区严重缺水。国家组织的南水北调工作加快了研究的步伐。到90年代后期，南水北调工程方案的比选、水资源的调配及有关省市配套工程的规划工作基本完成，整个南水北调中线工程也已确定要在2010年建成。

1999年起北京遭遇连年干旱，在水资源已超量开发的情况下，北京市组织制定了《21世纪初期首都水资源可持续利用规划》，立足本地，以多种措施保证在 2010 年南水北调工程运行之前北京水资源的供需平衡。2001 年，北京成功申办奥运，对水资源供应和水环境质量提出了新的并且更加迫切的要求。2002 年，国家正式确定从长江上、中、下游分三条引水线路向北方地区调水。东线从长江下游扬州江都抽引长江水利用大运河北送。中线从长江支流汉江上的丹江口水库引水北送进京。西线从长江上游调水进入黄河上游西北地区。

2002 年 12 月 27 日，国务院在人民大会堂举行了南水北调工程开工仪式，东线工程开工。2003 年 12 月，南水北调中线京石段应急供水工程的可行性研究报告获得批复。同年 12 月 30 日永定河倒虹吸工程破土动工，南水北调中线北京段工程进入实施建设阶段。中线工程从丹江口水库引水至北京团城湖，全长 1267 千米，其中北京段工程长 80 千米，供北京的净水量为 10.5 亿 ~ 14.9 亿立方米。受水区覆盖北京城区、大兴、通州及房山、门头沟山前平原和昌平南部，总面积 3247 平方千米。

南水北调北京段引水线路基本上是 1980 年与长江水利委员会共同确定的高线不通航方案。1990 年 11 月，北京市水利规划设计研究院正式进行现场详细查勘后确定的北京段线路是，穿过拒马河中支后基本上沿房山区山前丘陵区，按等高线 60~50 米高程由西南向东北通过，沿线经龙门口水库上游、牛口峪水库下游房山城西、丁家洼水库下游、过大石河、穿京周公路、京广铁路、穿永定河和丰台铁路编组站，穿五棵松地铁后与永定河引水渠相汇进玉渊潭湖，终点水位高程 49.5 米（黄海高程），全线自流落差仅 10.8 米。

　　2008 年 6 月，南水北调中线京石段主干线工程全面建成，具备通水条件。9 月，京石段通水，河北省黄壁庄等 4 座水库的水开始接济北京。2014 年 12 月 12 日，中线一期工程正式通水运行。

水环境建设

　　自辽、金以来，历代均重视对都城水体的改善与水质保护。一方面引水进城，满足城市用水需要；一方面制定严格制度，加强管理，避免水体受到污染。

清末民初，由于对河湖水系疏于治理，管理不善，致使河道淤塞，湖泊干涸，污水横流，垃圾充斥，臭气四溢，蚊蝇滋生，而致城市水质逐渐受到污染，并日益加剧。

在党中央、国务院的直接关怀下，北京市历届政府都十分重视水环境建设。1949 年，北京市人民政府就提出了"服务于人民大众，服务于生产，服务于中央人民政府"的建设方针。从1950 年开始，在恢复、改造与发展生产的同时，迅速整修了下水道，疏挖了河湖水系，整治了龙须沟等 8 条大的臭水沟，使城市水环境面貌有了较大改观。为增大城区河湖水源，这一年还在长河岸边打井 10 眼，提取 0.1 立方米 / 秒地下水，补给长河供城区河湖使用。

1953 年，在制定城市建设总体规划方案时，提出了城区实行雨污分流的原则，并按此规划开始了大规模的下水道干管建设和城市污水处理厂建设。1954 年官厅水库建成之后，又于 1957年开挖成永定河引水渠。从此，有 30 立方米 / 秒的永定河水供应城市，在引水渠部分河段两岸还间隔种植桃树和柳树，形成桃红柳绿的景观。

1958 年至 1959 年，为迎接中华人民共和国成立 10 周年，城区开展大规模环境整治，通过开挖人工湖的办法，将多处低洼坑塘等蚊蝇滋生地建成公园绿地，既美化了环境，又为城区开辟了新的园林景观。

1960 年和 1966 年，分两期建成了京密引水渠，引水能力又增加了 40 余立方米 / 秒。沿渠道两岸广植树木，既保护了水环境，又形成了绿色长廊。在此基础上，又进一步实现了官厅水库、密云水库、怀柔水库、白河堡水库的地表水联合调度。上述 4 座水库的水源，通过京引渠和永引渠引进市区，再分别通过南长河和北护城河以及南护城河，进入城区河湖，冲脏、换水，以达到改善水体、美化水环境的目的。每年用于河湖补水、换水和冲脏的水量在 0.4 亿立方米左右，有效地改善了水体和水环境。

"文化大革命"期间，城市建设无序，金鱼池、太平湖、泡子河等一些湖泊被填埋，一些河道被改为暗沟，减少了城市水面面积。加之污水乱排，污水处理设施建设滞后，生态环境恶化。通惠河等河流、红领巾湖等湖泊受到严重污染。

改革开放以来，对城市河湖开始综合治理，明确了城市河湖的综合功能：首先满足城市防洪、排水的需要，同时要为城市工业、农业输水；其次要尽可能扩大水面及滨河地带，搞好绿化，供人民憩息。为保护河湖水质，结合城市发展和道路建设等，先后在城区主要河湖沿岸修建了污水截流管，把污水引至污水处理厂，以还清河水、湖水。在整治河道中，实施花园式河道建设，修建滨河人行道，两岸进行绿化，并与公园绿地相连接。至 1995 年，已建成昆明湖—南护城河—通惠河（简称南环）和长河—北护城河—亮马河、二道沟（简称北环）两条花园式河道，成为环绕城区的"绿色项链"。土城沟、万泉河等河道也分别得到治理、美化，城区水环境有了很大改善。

同时，开展污水治理工作。1955年建成屠宰厂污水处理厂，1958年在酒仙桥建成全市第一座一级污水处理厂，日处理能力0.9万立方米。1961年建成高碑店临时一级污水处理厂，日处理能力23万立方米。1990年建成北小河二级污水处理厂，日处理能力4万立方米。1990年对高碑店污水处理厂进行改建，1993年一期工程完工，为二级处理工艺，日处理能力达到50万立方米。1994年方庄二级污水处理厂建成，日处理能力4万立方米。此外，全市各工厂工业废水处理设施达783套，设计处理能力127.8万立方米/日。由于城市不断发展，城市污水处理设施建设严重滞后，到1995年，市区污水集中处理率仅达到20%左右，城市污水处理建设任重道远。为保护城区的水体水质和水环境，市政府先后制定了《北京市城市规划管理局关于划定市区河道两侧隔离带的规定》《北京市密云水库、怀柔水库和京密引水渠水源保护管理暂行办法》等一系列法规，使河湖管理走上法治化轨道。20世纪80年代以来，随着市场经济的发展、流动人口的增加，河湖被废弃物污染，水利管理部门组织了150余人的专职打捞队伍，进行维护和保洁，以确保水面清洁。

永定河整治

永定河流经北京城区的西北与西南部，自门头沟区三家店出山后，河床底部高程比北京城区高出 40~60 米，所以永定河的防洪问题直接关系到北京的城市安全，历来都是北京地区的防洪重点。

堤防整修

为防范永定河泛滥，金元以来，对石景山以下河道不断筑堤，以土堤为主。据记载，蒙古窝阔台七年（1235），燕官刘仲禄率水工 200 人修补卢沟河堤坝，并令水工 50 人常年负责巡视、修补堤坝之事。明、清时期，将石景山至卢沟桥一段部分左堤改为条石堤，堤基用白灰糯米汤灌注，卵石砌筑。

中华人民共和国成立后，对严重威胁城市安全的永定河三家店—卢沟桥河段左堤进行了全面的调查、勘测和钻探，并于 1967年、1969 年、1973 年、1976 年、1983 年和 1999 年先后 6 次进行大规模加固、加高和新建，左堤堤顶高程按 1975 年 8 月河

永定河链锁板护堤工程

南暴雨移植洪水进行复核，即按可能最大洪水 16000 立方米 / 秒的水位，堤顶超高 0.7 米的标准设计加高。

卢沟桥—梁各庄河段堤防也曾进行多次整治。1951 年，永定河河务局将大兴县管理段长 41 千米左堤全线修复，同时修筑新北堤。1973 年，制定了《卢沟桥至梁各庄河段规划》，按 2500 立方米 / 秒行洪标准设计，从 1977 年至 2000 年，前后分 3 次完成。

治导线

清康熙三十七年（1698），在永定河三家店以下两岸筑堤束水之后，河道相对稳定，水害大为减少。1956 年洪水后，水电部水利科学研究院泥沙所提出了卢沟桥—梁各庄河段治导线工程，其建设原则是"三固一束"，即固定险工，以改善并解决防汛问题；固定流势，以保证行洪畅顺；固定滩地，以防止滩地显没无常；束窄河道，使河槽逐渐刷深。

1959 年，河北省水利厅、北京市农林水利局和水电部水科院泥沙所科研人员与沿河有关管理人员组成勘测设计小组，逐

永定河王平湿地

段提出治导措施，内容是：防洪标准按 2500 立方米 / 秒设计，3000 立方米 / 秒校核；确定不同河段的治导线宽度。在此基础上，用土石丁坝、顺坝、护岸、护坝、堵塞串沟、植雁翅林和固沙柳等工程控制治导线。至 2000 年，永定河卢沟桥—梁各庄河段两岸，各有 48 道丁坝、顺坝，作为 2500 立方米 / 秒洪峰时的治导工程。

险工护砌

永定河自金代开始筑堤，历明清至民国，每遇暴雨，堤坝多有冲决。虽屡经修复，仍隐患重重。1954 年前，永定河险工保护以埽工为主。后试做砖砌护坡、铅丝石笼护底获得成功，1956 年以后，埽工即被砖、石护砌替代。1964 年开始采用水泥砂浆砌石护坡，基础深于河底 4~6 米，基础前铺以 8 米长铅丝石笼护底。1989 年开始改用混凝土连锁板块护坡。1995 年因官厅水库放水，卢沟桥上下游河道冲刷严重，1996 年 5 月，市政府决定河道治理与管架桥加固工程同时进行。截至 2000 年，卢沟桥以下左、右岸险工护险工程已基本完成。另外，还建设了堤防绿化、抢险平台、汛铺以及防汛储备库房等，并完善了防汛通信系统。

分洪滞洪工程

光绪年间，王德榜在官厅山峡下尾店、丁家滩等处建石坝 5 处，共长一千数百丈，"徒杀水势"，发挥滞洪作用。中华人民共和国成立后，在卢沟桥上下游建有分洪滞洪工程 3 处。

第一处，卢沟桥分洪枢纽。清光绪二十年（1894），在卢沟桥上游右岸小清河上建一座减水坝，分泄永定河洪水入小清河。民国二十八年（1939），在卢沟桥西侧加修分水箭，自然导洪入小清河。1949 年，在小清河上游设截流土坝，人工控制分洪，当洪水水位达 64.20 米时，截流土坝被冲，分洪流量约 102 立方米 / 秒。

1971 年冬，为避免超标准洪水时破坝分洪不及，威胁永定河堤防安全，经水电部批准，在截流土坝处建小清河分洪闸 1 座，设计过闸流量 1500 立方米 / 秒。闸型为开敞式宽顶堰，共 23 孔，每孔高 4 米、宽 6 米，采用平板钢丝网混凝土闸门，安装门式移动启闭机 5 台。1972 年 1 月开工，同年 11 月基本完工。

1976 年 8 月，在小清河分洪闸上游右岸刘庄子村附近，新辟刘庄子分洪口门，以加大向右岸的分洪量，减轻对左岸的威胁。口门底宽 400 米，在口门河内侧设挡土埝，土埝顶宽 1.5 米、高 1.0 米，洪峰流量超过 4000 立方米 / 秒时，将土埝扒开分洪入小哑叭（巴）河，再入小清河。

1983 年秋，因 1971 年修建的小清河分洪闸结构单薄，施工质量差，且达不到预计的分洪能力，经水电部批准兴建卢沟桥分洪枢纽工程，工程包括新建永定河拦河闸、改建小清河分洪闸、扩建大宁滞洪水库。1985 年开工，1987 年汛期投入使用。

拦河闸 18 孔，孔宽 12 米，安装 12 米 ×6.5 米弧形钢闸门，闸室总长 242.8 米，可控制下泄 2500 立方米 / 秒以上洪水，当出现 7000 ~ 16000 立方米 / 秒的洪峰时，听从国家防汛抗旱总指挥部调度。

小清河分洪闸，位于京广铁路五号桥上游，与拦河闸成一直线，两闸之间有分水堤，宽 24 米。该闸 11 孔，每孔宽 12 米，安装 12 米 ×6.6 米弧形钢闸门，闸室长 148 米。设计最大分洪能力为 2925 立方米 / 秒。原小清河分洪闸拆除。

第二处，大宁滞洪水库。1987 年在原大宁水库（小清河上）基础上，通过挖深、筑围堤，修建主副坝和泄洪闸，建成总库容 3600 万立方米的大宁滞洪水库。当永定河出现 50 年一遇洪水时，入库洪峰达 1880 立方米 / 秒，经调蓄，最大下泄量为 214 立方米 / 秒。

第三处，小清河蓄滞洪区。小清河蓄滞洪区位于永定河右岸，历来是永定河洪水分流的地方，涉及北京市丰台、房山两个行政区，永定河 50 年一遇洪水分洪将淹没 17 个乡、镇，120 个自然村，耕地 1.1 万公顷（16.57 万亩）。在蓄滞洪区内有乡、镇企业

2003年建成的永定河滞洪水库

370 余个；有贯穿南北的交通大动脉——京广铁路以及京石、京保等主要公路。

为保证永定河分洪时小清河蓄滞洪区的人民能及时避险、转移，1989 年水利部中国科学院水利水电科学研究院、市防汛办公室和北京市水利规划设计研究院，通过对永定河分洪规律和各系洪水频率计算，以及小清河蓄滞洪区内地形、地物、人口、耕地、企业、财产调查等工作，采用二维不恒定流理论编制的计算程序，提出了小清河蓄滞洪区洪水演进过程图、洪水最大淹没图、洪水滞留时间图和防洪非工程规划，以进一步贯彻水电部颁发的《蓄滞洪区安全建设规划纲要》精神。经过近 10 年的努力，建成了永定河小清河蓄滞洪区通信预警系统；结合教育、医务、养老

永定河湿地

院等公益事业建设，建防洪避险楼 25 栋 6.7 万平方米，可解决 7 万人的就地避险问题。

经过治理，重现"卢沟晓月"景观。20 世纪 90 年代前，永定河治理目标主要侧重于防洪和供水，90 年代末，由于永定河常年无水，生态环境日益恶化，对永定河进行生态治理提到议事日程。1996 年，北京市第 38 次市长办公会议决定规划建设卢沟桥文化旅游区，提出在卢沟桥兴建拦蓄工程形成水面，恢复"卢沟晓月"。1998 年北京市水利规划设计研究院在卢沟桥下游京周公路桥上游 100 米处设计了一座高 3.5 米、长 303 米的拱形橡胶坝，河床用低密度聚乙烯土工膜防渗，橡胶坝上游蓄水约 70 万立方米。1999 年 10 月，卢沟桥橡胶坝建成。"卢沟晓月"重现京城，为改善周边环境创造了条件。

2009 年，北京市批准《永定河生态走廊建设规划》，拉开了永定河生态建设的序幕。根据这个规划，平原城市段河道建设"五湖一线"（即园博湖与永定河门城湖、莲石湖、宛平湖和晓月湖五湖成一线）和沿河两岸建设生态绿色发展带。2013 年，永定河城市段 18.4 千米全线贯通。

2010 年 9 月，门头沟区启动门城湖工程，工程北起三家店拦河闸，南至麻峪村下游，全长 5.24 千米，这是永定河绿色生态发展带项目之一。工程通过河道减渗、绿化美化、生态修复等措施，经过 4 个月的治理，2011 年初，已形成水面 70 万平方米，绿化 100 万平方米，生态修复滩地 81 万平方米，使断流了近 30 年的永定河门城湖段再次出现波光粼粼的景致。河西岸通过生态修复、绿化美化，形成永定河文化公园。

2010 年以来，门头沟区先后投入 20 多亿元，建成"一湖十园五水联动"的景观体系，治理了永定河以及城区 5 条排洪沟道，特别是对排洪沟两侧的住户进行了搬迁，保障了城市的排洪和市民安全。

潮白河整治

潮白河历史上是一条洪泛严重的河流，中华人民共和国成立后，于 1959 年建成密云水库，并在平原区开挖潮白新河，疏浚河道，筑堤建闸，使洪水排泄通畅，水患基本上被根除。

运潮减河属潮白河水系，位于通州区域北部，为人工开挖的连接温榆河与潮白河的排水河道，以分减北运河洪水，故名。西起通州镇北关闸（分洪闸），东至胡各庄乡东堡村东北入潮白河。河道全长 11.5 千米，流域面积 20 平方千米。河床宽 128 米，河底宽 80 米，深 5 ～ 6 米。设计起点标高 17 米，终点标高与潮白河深水河槽平接，为 14.14 米。设计正常河道水深 4.2 米，分洪流量 500 立方米 / 秒。沿河堤防长 22 千米，防洪排涝面积 3 万亩。

潮白河流域是北京的主要供水源地。其上游流经军都山，山脊平均高度 1500 米左右，到东南部平原海拔下降为 50 米，地势高低悬殊，山脊成为东南气流运行的天然屏障，迎风坡年平均降雨量达 700 ~ 750 毫米，形成山前多雨带，北部山区多为火山岩分布，风化裂隙发育，但并不深远。植被覆盖度差，流域内调蓄能力小，产流量大，地表水量丰富，污染源少，水质好。流域的平原区，山前为一断陷盆地，第四纪沉积物厚达 400 米以上，含水层厚 100 米左右，地表水渗入地下，储存在含水层中，以致地下水也很丰富。

清同治十三年（1874），直隶总督李鸿章由顺义安里至通县北寺庄筑防洪堤一条，长 8250 米；由安里至通县平家疃筑护堤一条，长 2846.67 米。民国元年（1912）大水后，曾对潮白河下游进行整治（即箭杆河整治工程），在原鲍丘河两堤外筑两道遥堤，两堤距 2000~4000 米。整治后命名为北新河。民国六年（1917），北新河大水，堤内村庄受灾严重，群众将堤扒开。民国十二年（1923）挖苏庄引河时，安里至通县平家疃护堤被破坏。

由于清末和民国时所筑潮白河堤防标准偏低，且年久失修，多残破毁坍。顺义、通州河段系沙质河床，坍岸尤为严重。因此，从 1950 年春开始，北京市和河北省共同对潮白河进行大规模治理，对通县段右堤进行复堤工程。为解决潮白河尾闾问题，当年，又开挖潮白新河，从而减轻了潮白河洪水对北京的威胁。此后，北京市对沿岸险工段做了护险复堤工程，计有各种类型坝 77 座，护坡护坝超过 2 千米，修套堤近 7 千米。1971 年，再次加固堤防，防洪标准按 20 年一遇洪水设计，堤防超高 2 米。这些工程实施后，对防止北京地区潮白河中下游的洪涝灾害发挥了显著作用。

1975 年 10 月，北京市组织密云、怀柔、顺义、通县等县对潮白河进行查勘。市水利勘测设计处以开发利用河滩地和防洪为主提出潮白河治理规划。规划要求河槽按 10 年一遇洪水标准疏挖，堤防按 50 年一遇洪水超高 1~1.5 米筑堤。1977 年至 1979 年，密云县陆续实施该治理规划，先后完成潮河溢洪道至红门川沟口（7.8 千米）、山口庄至河槽村（5 千米）及白河京密公路桥上下游（3 千米）的疏挖，以及潮河 186.6 公顷（2800 亩）的滩地造田。1982 年又将县城西门外白河疏挖并筑堤 1 千米。1984 年为建白河郊野公园疏挖河道并筑堤 2.5 千米，设计流量均按 10 年一遇洪水标准。

　　1978 年 9 月，顺义、通县按规划要求进行复堤。顺义县河南村至港北闸（顺、通交界处）堤，全长 11.66 千米，当年完成。港北闸至通县大沙务村堤，全长 36.6 千米，分两期完成，1979 年 10 月 5 日完工。同时逐步对密云水库以下北京段的河道进行中泓疏挖整治。1980 年 4 月始，为保护堤顶并便于防汛抢险交通，

潮白河畔水上公园

对重要堤段还铺设了碎石路面 33.7 千米，于 1981 年 5 月完成。

据史料记载，金元至民国年间，均曾利用潮白河开展水运，对河道进行过多次改造治理。1990 年 12 月，为提高防洪标准，减少洪涝灾害，改善首都东北部生态环境，保护城市水源地，以及改善两岸交通，促进经济发展，市水利局向市政府呈报了《统一规划，开发利用潮白河方案》，经市政府常务委员会讨论后决定：整个工程要统一规划，综合治理，分别立项，分期实施。

工程开发利用的范围，自密云水库、怀柔水库以下干支流河道，全长 111 千米。工程内容为水利、交通、绿化三大项类。水利工程设计修建、改建闸坝 5 座，新建过路小型桥涵及其他水工建筑物 170 座，处理险工 3 处。主河道按 50 年一遇洪水标准筑堤防洪，潮河、白河、怀河等支流河道按 10 年一遇洪水标准疏挖河道。

1991 年 3 月 15 日，河道整治全线开工，土方工程由沿河各县负责，到 1996 年基本竣工，除完成疏挖河道、筑堤及小型水工建筑物外，还建成河南村、白庙、兴各庄、九王庄、苏庄等 5 座橡胶坝，形成近 11 平方千米水面，调蓄水量达 7000 余万立方米，年可回灌地下水约 6000 万立方米。此外，近百万亩耕地提高了防洪除涝保证率，还开发了万亩荒滩地。

温榆河整治

历史上对温榆河的治理多从水运出发。元代曾整治过温榆河，把它作为漕运航道，以通大都的光熙门。明代仍利用温榆河从事漕运，也曾加以疏浚。至清代，漕运不兴，仅能起排洪河道作用，因远离京城，很少维护整治。

1949 年前，温榆河自沙河镇至蔺沟口，宽平淤浅，河槽泄水能力很小，往往漫溢出槽。1949 年后，为削减温榆河洪水，虽在上游山区先后修建了十三陵等中小型水库，但仍未解决沥涝和洪水威胁。1963 年 8 月，全流域 3 日平均最大降雨量 279.6 毫米，苇沟大桥洪水流量达 1400 立方米 / 秒，造成 42 个村庄被洪水包围，受灾人口达 5 万余人，淹没农田 1 万公顷（15 万亩）。1969 年 8 月，全流域日最大降雨量仅 97.4 毫米，苇沟水文站流量仅 365 立方米 / 秒，温榆河河槽即已漫溢，沿河受洪水直接影响形成涝灾的耕地有 0.45 万公顷（6.8 万亩）。

1970 年 9 月，北京市成立了东南郊治涝工程指挥部，分两期对温榆河进行整治。第一期疏挖工程由顺义龙道河口至通县北关闸，长约 21 千米，1970 年冬到 1971 年春完成。第二期工程由昌平沙河闸至顺义龙道河口，长约 25 千米，1971 年冬到 1972 年春完成。

　　历史上北运河虽曾不断整治，但多从漕运着眼。1951 年至 1955 年，从北京排洪安全角度出发，分别对筐儿港减河及青龙湾减河进行了疏挖，使北运河大部分洪水排入青龙湾减河，缓解了北京市境内的排洪压力。1962 年、1963 年虽先后兴建了凤港减河和运潮减河，但北京段内的洪涝问题仍未得到解决。

　　1971 年 7 月，根据国务院批示，水电部召开北运河规划会议。会后，规划小组经全面勘察规划，提出自通县北关闸至天津市入

温榆河湿地

海河口进行全线治理，包括河道疏挖和培修两岸堤防。北京市分两期完成通县北关闸至牛牧屯引河口长 41.9 千米河段的治理。

1972 年 10 月至 1973 年 6 月，一期工程完成。疏挖榆林庄闸以下至桥上村一段河道，长 17 千米（裁弯后长度），设计河道底宽 100 米，同时扩建了榆林庄节制闸，并建成杨洼节制闸。1973 年汛后至 1974 年春，二期工程完成。疏挖榆林庄闸以上至北关闸河段，长 22 千米，设计河道底宽 60 米，同时完成武窑公路桥 1 座，小型涵闸 6 座。

1977 年至 1992 年，先后对梁各庄以下右堤复堤加固，砌筑浆砌石直墙；将北关至杨坨村 3.1 千米左堤西移，左右堤堤距为400 米；完成杨坨至牛牧屯右堤复堤加固，部分堤段裁弯取直。新建、改建穿堤闸涵 38 座。

为减轻北运河下游的排洪负担，在通县北关拦河闸的基础上，扩建分洪枢纽，即增建了分洪闸，疏挖了运潮减河，将北运河上源的洪水分流入潮白河。1963 年汛前完工。当年，上源温榆河出现大洪水，运潮减河分洪 380 立方米 / 秒，大大减轻了北关闸以下北运河的排洪负担，做到了当年完工当年受益。1987 年 1 月至1988 年 5 月，先后完成河道清淤、右岸筑堤 9.1 千米、河道护坡670 米和两岸 8 座排水涵闸等的整修改建工程，提高了运潮减河分洪流量。

治理后的北运河（包括温榆河），50 年一遇洪水可安全下泄，10 年一遇洪水河水不再顶托，使东南郊（主要是通州、大兴）地区广大农田减轻了洪涝威胁。

拒马河整治

1964 年 2 月至 6 月，房山县组织 32 个村的民工对 1963 年 8 月洪水冲毁的拒马河护岸工程进行修复，共修建护岸坝 3350 米。工程按 20 年一遇洪水标准设计，可确保发生 2500 立方米 / 秒洪水时，10 个村庄 1 万亩地免受洪水危害。1965 年 4 月，由南河村民工在拒马河王家磨、古家坟、南河等村的险工段，修建浆砌石护岸坝、丁坝 605 米。1989 年，张坊乡、南尚乐乡分别组织民工对护岸坝进行了较大规模的维修和加长。

支流大石河是房山区中部平原的主要行洪河道，河长 108 千米，其山区段河道处于山前暴雨中心区，雨洪水来势猛，流速快，暴涨暴落。平原段河道狭窄，草木丛生，水流不畅。堤防行洪标准低，易漫溢、决口成灾。1956 年、1963 年，大石河两次发生

大石河

1000 立方米 / 秒以上洪水，汛后即组织沿河村庄筑堤、复堤。此后，又先后 4 次进行整治规划，包括马各庄滞洪区等，至 2000 年，下游部分河段已筑堤。

支流小清河历史上为永定河的分洪河道，两岸无堤，每遇永定河堤决口或分洪，洪水直泄而下，任意漫溢。1955 年，良乡县针对"沥涝重于河淹、小河重于大河、平原重于山区"的洪涝灾情特点，开始对小清河河道进行加宽、截弯治理。1975 年，房山县为减轻小清河及永定河分洪灾害，再次对小清河进行治理，治理长度 19.2 千米。工程完工后，由于河北省有关部门提出异议，又将右堤扒开 400 米，使堤防失去了防洪能力。小清河两岸仍被划为永定河分洪、滞洪区。

沟河整治

流域受北部山地地形的影响，降雨量较多，是北京的暴雨频发地之一，汛期洪水量大，海子、西峪、黄松峪等 20 座大、中、小型水库建成以后，起到拦洪蓄水作用，水害基本得到控制。

由于沟河汇水面积大（总汇水面积为 1712.28 平方千米），河道弯曲、河槽窄，河床内树木杂草丛生，行洪能力低，每到汛期遇有较大洪水，西沥津以下沿河两岸的低洼地区常有洪涝灾害发生。

据史料记载，泃河洪水发生时，曾冲毁街道、田垄，害及上纸寨、沥津等村庄及县城。为消除水患，民国十九年（1930），上纸寨村民开挖新河道 1050 米，建成新堤 270 余米。

1960 年，泃河上建成库容 4980 万立方米的海子水库，20 世纪 80 年代初扩建为库容为 1.21 亿立方米的大型水库；1968 年，泃河上建成库容为 1430 万立方米的西峪水库；1971 年，在泃河支流黄松峪石河上建成库容 1040 万立方米的黄松峪水库；对平谷区的防洪、灌溉发挥了重要作用。

1979 年，在西沥津河滩上裁弯取直旧河床 350 米，开挖新河 200 米。通过治理，河道走向趋于合理，避免了洪水对河岸的严重冲刷。20 世纪 80 年代，对平谷县城周围的泃河进行了扩建改造。

1994 年，北京市水利规划设计研究院编制完成《泃河、泃河整治开发规划》。规划范围为北京市境内河段，即泃河自海子水库溢洪道下至市界北坞村河段，河道 48 千米；泃河为胡家营至前芮河段，河长 23 千米。海子水库调度运用采取最大下泄量的削平洪峰法与补偿调节相结合的方式，10 年一遇洪水水库不下泄，20 年一遇洪水控泄 1340 立方米 / 秒。排涝标准为 5 年一遇，防洪标准为 20 年一遇。该规划主要针对河道防洪标准不足、管理范围不明确的问题，提出防洪工程措施，并确定河道保护管理范围。

平谷区从 1995 年开始，陆续对泃河和泃河按规划进行综合整治。1995 年，对泃河大辛寨支沟入口附近至周村村南河段进行了治理。按 5 年一遇除涝挖槽，10 年一遇洪水设计筑堤，20年一遇洪水校核。治理河道长度 4476 米，险工碎石护坡 1700 米，碎石路面公路 5.5 千米。建设跨河桥 3 座、顺堤桥 1 座。共完成土方 191 万立方米，工程总投资 1617 万元。

1996 年，对洳河赵各庄西至周村南河段进行了治理。按 5 年一遇除涝挖槽，10 年一遇洪水设计筑堤，20 年一遇洪水校核。治理河道长度 1800 米。在海关西园处的河道上建橡胶坝 1 座，坝长 52 米，坝高 3.5 米。建跨河交通桥 1 座。共挖填土方 94 万立方米，工程总投资 2235 万元。

1997 年，对洳河两个河段进行了治理：上段从大辛寨南至岳各庄公路桥上游，治理河道长度 1407 米；下段从周村南至沟河汇河口，治理河道长度 1825 米。新建跨河交通桥 2 座。上段：按 10 年一遇洪水设计筑堤，20 年一遇洪水校核；下段：按 5 年一遇除涝挖槽。共挖填土方 167 万立方米，工程总投资 3240 万元。

1999 年，对汇河口处上游前芮营东至下游北张岱村西 2 千米河道进行裁弯取直，主河槽底宽 60 米，堤顶宽 10 米。新建跨河交通桥 1 座、顺堤桥 1 座。按 5 年一遇除涝挖槽，10 年一遇洪水设计筑堤，20 年一遇洪水校核。共挖填土方 135 万立方米，工程总投资 2940 万元。

从 1994 年至 2010 年，平谷区陆续在洳河和沟河上修建了4 座橡胶坝，拦蓄雨洪水，形成景观水面，为改善平谷城区水环境创造了条件。

六海清淤

"六海"包括西海、后海、前海、北海、中海和南海，总面积124.7万平方米，由于多年没有治理，淤积严重。1998年，作为水系治理的一项工程对六海进行清淤和护岸修复。为了避免遗撒、扰民和影响交通，水利部门经过反复比选，多方设法，采用了干湖水力冲挖、泥浆泵加压、远距离管道输送的施工方法。放干湖水，用高压水枪冲挖淤泥，泥浆泵接力加压，输泥管道沿六海湖岸、北护城河西段、长河敷设至北展后湖和紫竹院湖，悄无

什刹海清淤旧影

声息、干干净净完成清淤。

工程建设分为两个阶段。第一阶段是中海、南海、北海、后海、前海在干湖后，用水力冲挖机组清淤，经6级泵站接力，通过管道输送至西海，西海设绞吸式挖泥船，通过钢管将泥浆输送至北京展览馆后湖，再输送至紫竹院大湖。第二阶段以挖泥船为主，用同样的方法将北京展览馆后湖、紫竹院公园各湖的淤泥，通过钢管输送至海淀区北坞弃泥场。六海清淤后，采用土壤固化剂护底减渗，砌石护岸。通过邀请招标，以中国安能建设总公司、江苏河海疏浚集团为主实施了清淤施工。工程于1998年9月1日开工，1999年6月13日通过竣工验收，共清挖淤泥80万立方米。

筒子河治理

中华人民共和国建立前夕，筒子河已满是污秽、残破不堪，河道内小树、杂草丛生。1950年5月，市卫生工程局组建施工所，对筒子河进行整治。10月底完工，共清除淤泥渣土8万余立方米；同时，修整了所有条石、块石、青砖护岸及女儿墙、暗沟等，总计用工27.5万个工日。

1956年，为解决由北海向筒子河引水困难的问题，修建了一条新管道，即在北海东南角建分水闸1座。管道为双排直径1.25米的混凝土管，长162米，引水流量为3.6立方米/秒。

1968 年至 1969 年，再次治理筒子河，在中山公园内的退水渠旁新建一条直径 1.64 米的混凝土管道，并建闸 1 座；文化宫内退水渠改为暗沟。神武门及东华门、西华门的过水涵洞分别扩建为 1.2 米 ×1.6 米和 1.6 米 ×1.6 米的方渠，各长约 44 米。

20 世纪 60 年代中期以来，由于筒子河周围居民增多，垃圾、污水排入河中，造成污染与淤积。1998 年至 1999 年，对全长 3500 米的筒子河进行治理，对两岸岸墙进行修缮。按照"修旧如旧"的要求，修复宇墙 4737 米，其中修复现状宇墙 2892 米，拆除河岸房屋并新砌宇墙 1845 米；修缮驳岸条石 804 立方米，其中拆砌 7 处，剔补更换条石 1084 块；河底淤泥疏挖、清淤共计 12.22 万立方米；驳岸基础加固和河底衬砌加固，护砌总面积 18.2 万平方米；拆除重建筒子河中山公园退水闸和劳动人民文化宫退水闸。工程于 1998 年 4 月 20 日开工，1999 年 6 月 15 日竣工。

长河及双紫支渠治理

长河是经高粱河向城区河湖供水的主要河道，为保证水质清洁，1966 年，市市政设计院提出《长河污水截流与整治长河方案》。1975 年至 1982 年，将自高粱桥至三岔口闸的转河段裁弯取直，改建为长 760 米的矩形暗沟，直接与北护城河上段暗渠相连接，设计流量 48.4 立方米 / 秒，并在暗渠北侧建有向西北土城沟分水

整治后的长河

的闸门。1987年以后，对长河多次进行局部整治，改善了河道环境，加大了过流量。

1998年至1999年对长河及双紫支渠按20年一遇设计、50年一遇核校标准进行治理。长河河道治理工程起点为旧长河闸，终点为高梁桥（暗沟）入口处，全长5483米。河道复式断面，渠底两侧为现浇混凝土斜坡，中间铺混凝土预制板，现浇混凝土斜坡上部为浆砌花岗岩料石挡墙，挡墙顶设草白玉栏杆，栏杆外侧设人行步道，岸坡铺砌草格砖，岸肩砌筑料石小墙。新建、改扩建桥梁工程共计11处，分别为麦钟桥、广源闸桥、岫泓桥、紫竹院人行桥和交通桥、首都体育馆桥、五塔寺桥、动物园1#桥、动物园2#桥、动物园管架桥、北京展览馆人行桥；新建紫竹院停泊区，面积1.15公顷；北京展览馆后湖停泊区，面积约为2.43公顷；新建万寿寺和白石桥停船码头；改建长河闸，新建紫竹院船闸和北京展览馆节制闸；对紫竹院湖、北京展览馆后湖、动物园湖清淤并进行岸坡整治，共清挖淤泥23万立方米。双紫支渠全长1679.25米，为梯形断面，全断面衬砌，岸肩设浆砌石岸肩墙。工程于1998年4月20日开工，1999年7月28日长河正式通航。1999年12月31日，长河及双紫支渠治理工程通过竣工验收。

京密引水渠昆玉段治理

　　1998 年至 1999 年对昆玉河进行治理。昆玉河正名是京密引水渠昆明湖至玉渊潭段，简称京引昆玉段。城市水系治理开始后，各种媒体纷纷报道，多对它以河相称，把它叫作昆玉河，久而久之，昆玉段成了昆玉河。此段治理自颐和园南门至玉渊潭公园南门桥，全长 9481 米。渠道为复式断面，渠底两侧为现浇混凝土斜坡，中间铺混凝土预制板，现浇混凝土斜坡上部为浆砌花岗岩料石挡墙，挡墙顶设草白玉栏杆。工程共完成土方开挖 57.4 万立方米，清除淤泥 46.14 万立方米，土方回填 2.9 万立方米，混凝土方砖护底 12.95 万平方米，浆砌石砌筑 9.65 万立方米。工程于 1998 年 10 月 1 日开工，1999 年 7 月 19 日通过验收。1998 年年底，对玉渊潭东湖、西湖和八一湖进行了疏浚清淤及护岸整修。采用排干湖水，机械清挖和车辆运输的方法清除淤泥 34 万立方米。玉渊潭东、西湖湖底采用黏土铺垫机械碾压的方法进行了防渗处理。八一湖清淤后，采用固化剂对湖底的防渗进行了处理。另外，对钓鱼台国宾馆内湖水域和外湖（北小湖）进行了清淤，对湖（河）底采用固化剂进行了防渗处理。工程于 1998 年 12 月 1 日开工，1999 年 4 月 30 日竣工。昆玉段河道改造工程共投资 15151 万元。1999 年 7 月 28 日，在玉渊潭八一湖码头举行了京

整治后的昆玉河

城水系昆玉河、长河治理工程竣工暨通航仪式，"爱祖国、逛北京"活动正式启动。之后，不少兄弟省市的领导和城市水利部门的负责同志前来参观学习，接待部门一度应接不暇。

永定河引水渠玉西段治理

永定河引水渠玉西段治理起点为玉渊潭船闸，终点为二热闸。主要工程包括玉渊潭船闸、二热船闸和河道治理工程。玉渊潭船闸位于玉渊潭公园内。船闸上下游水位落差6.5米，是北京城市水系工程中落差最大的一座船闸。船闸为单线、单级、单向挡水船闸，具有泄洪和通航的双重功能。船闸全长149米。人字钢闸门，净宽6米，正常通航水位分别为上游49.0米、下游42.5米。二热船闸位于二热节制闸和甘雨桥右侧，船闸全长186.6米，闸室净宽6米，上下各设一道人字门及检修门。二热船闸工程结构和施工环境复杂，施工过程中应用了地下连续墙支护和喷锚支护工艺，过路部分采用浅埋暗挖工艺（过水涵洞采用此法在北京是第一次）以保证主要交通干线不断路。

玉西段河道全长3000余米，为复式断面，过水断面全程采用0.12米现浇混凝土护坡，下铺聚乙烯苯板防冻。护坡以上为浆砌石挡土墙，墙迎水面为花岗岩料石，背水面为浆砌块石。河道工程共开挖土方19.3万立方米，清除淤泥6.76万立方米，土方回填3.97万立方米，混凝土方砖护底7.19万平方米，浆砌石1.75万立方米。玉西段工程1998年12月15日开工，2000年7月28日通过验收。

南护城河治理

1999年至2000年对南护城河进行了治理。工程共分三段：第一段为西便门至右安门橡胶坝，长约3.7千米，梯形断面，河底宽23～25米；第二段为右安门橡胶坝至龙潭闸，长约8.8千米，矩形断面，直墙高 2.4 ~ 4.2 米，河底宽 32 ~ 38 米；第三段为龙潭闸至东便门橡胶坝，长约 2.9 千米，复式断面，直墙高 3 米，河底宽 40 米，三段河道统称南护城河。工程主要内容包括：对河道进行全面清淤，对河底未衬砌部分进行混凝土衬砌；对不满足通航要求的河段进行疏挖、衬砌；补建停船码头，使其满足河道安全输水、防洪和通航的要求；全线 15.4 千米，共清淤 36.33 万立方米，衬砌 9.12 万平方米。工程于 1999 年 3 月开工，2000 年 5 月竣工。为实现玉渊潭至高碑店全线通航，在右安门、太平街、东便门橡胶坝及龙潭闸等 4 处修建了过闸坝的升船机设施；改造天坛南门橡胶坝的充泄水系统和在龙潭闸增设检修门及启闭系统。升船机仅在河道正常水位时应用，船只过坝时采用满载干运形式。各闸坝选用不同型式的升船设备，旨在增加市民对过坝升船设施的认识。2000 年 9 月 29 日，京城水系南线（玉渊潭至高碑店）试通航，后因水面水位和水质问题未再通航运行。

后门桥水面恢复工程

后门桥又名万宁桥，始建于元代，是北京城的重要地标性建筑物。20 世纪 40 年代，后门桥下河道仍存，桥西的澄清闸在中华人民共和国成立初期仍露在地面，后来在前海边修建了地安闸。1955 年河道改为暗沟，将后门桥桥孔及澄清闸一同填平。1999 年，城市水系治理过程中，工程建设指挥部提出恢复后门桥水面，以达到保护古迹和恢复古都风貌的目的。经北京市计划委员会和北京市迎接中华人民共和国成立 50 周年重大工程建设领导小组办公室批准，北京市水利局从 1999 年 8 月起开始组织实施后门桥水面恢复工程。工程起点为前海地安闸，终点为后门桥东，全长153 米。工程主要内容包括拆除后门桥及两侧的民房、邮电局和地下管线，疏挖河道、砌筑挡墙及护坡 153 米，岸墙石护栏 96米，砌筑仿古砖墙 67 米，在后门桥西侧新建一座交通拱桥（即金锭桥），整修后门桥及两侧金刚墙，对河道两岸进行绿化美化等。该工程位于市中心区，地下管线多，施工困难，拆迁难度大。后门桥大部分金刚墙已埋在地下，古河道、河墙和澄清闸遗址等地上、地下文物密集。按照市文物部门的要求：后门桥要完整保护；古河道要全部挖掘出来，视具体现状选择保护性恢复或拆除建新；

后门桥

澄清闸要先挖掘出来，由文物部门提出处理意见。施工过程中，文物挖掘保护工作自始至终得到了北京市文物局和市文物研究所的指导和支持。工程于 2000 年 1 月 7 日开工，2001 年 5 月 18 日完工。

莲花池恢复工程

莲花池位于广安门外，西三环路东侧。明清时水面达 40 公顷。20 世纪初，成为种植水稻和莲藕之地。1952 年在莲花池上游挖新开渠，引入西郊雨洪水。此后，莲花池成为北京西部一座小型调节水库，水面面积 28 公顷，调蓄库容 19.6 万立方米。20 世纪 60 年代修建地铁时，弃土填垫了湖西南角，水面缩小了 4.9 公顷。1982 年，市政府决定建设莲花池公园并进行了初步修整，到 1989 年，水面面积为 20 公顷。1992 年建设西客站时，新开渠和莲花河部分改为暗沟，占去河道 3237 米，上游污水直接导入暗渠，莲花池干涸，莲花池的进水渠和退水渠被废弃。

根据侯仁之先生建议，1998 年 6 月，开始对荒芜多年的莲花池公园进行改造。2000 年，北京市计划委员会批准恢复项目。莲花池公园保持古典风格，以大水面为主，湖中广种莲花，增设莲花池历史博物馆。莲花池水源取自京密引水渠昆玉段，在西三环路西侧昆玉段绿化带内建设了一座莲花池引水泵站、一条直径

1000 毫米的混凝土输水管道，同时修建了莲花池退水口等配套设施。莲花池恢复工程占地 44.6 公顷，恢复湖面 13 公顷，绿化面积 24 公顷，建筑占地面积 1.3 公顷。园内建有金都胜境、旧京觅踪、莲塘花屿、桃源泉涌、风荷亭山等景区和荷灯广场、儿童乐园、音乐喷泉、游船码头等设施。2000 年 10 月莲花池开始蓄水，全部工程于 2000 年 11 月完工。

菖蒲河恢复工程

　　菖蒲河在历史上是一条明沟，位于长安街北侧，西连天安门前玉带河，东接御河，全长 496 米。中南海退水自日知阁闸流出后入中山公园，经水榭出公园东墙入天安门玉带河，过玉带河出口闸后进入菖蒲河，最后东流入御河暗沟，是内城水系的尾闾。1973 年和 1982 年，先后两次将菖蒲河明渠改建为宽 3 米、高 2 米的雨水暗沟，向东过南河沿大街后接入现状御河下水道，共长 505 米。

　　2001 年，在菖蒲河原址上修建菖蒲河遗址公园，再现以水景为主的皇家园林。菖蒲河公园于 2002 年 5 月开工，当年 9 月 20 日竣工。菖蒲河恢复工程是建设遗址公园的重要组成部分。水利工程的主要内容包括：将玉带河出口闸至南河沿大街涵洞前，长 493.17 米的现状暗沟恢复为明渠河道；在明渠上游新建长

菖蒲河公园

14.93 米的暗沟与玉带河出口闸连接；在明渠下游建 8 米管道
与下游暗沟连接；改建南北池子大街方涵，新建下游节制、泄
洪闸 1 座、连接井 1 座。菖蒲河排水标准、流量维持河道原设
计过流能力 10.7 立方米 / 秒不变。按照规划河上开口宽 12 米、
常水面宽 9 米的规划设计河道横断面，断面形式采用复式梯形
断面。全部工程已完成，菖蒲河公园成为一处供市民休闲的袖
珍式遗址公园。

转河恢复工程

清朝以前长河水出高梁桥后直入积水潭，并没有转河。光绪三十一年（1905），詹天佑主持修建京张铁路，将长河过高梁桥后改道向北拐，经净土寺南向东过京张铁路至索家坟，折向南至东小村，在西北护城河交汇处入护城河。改道后河道平面呈"几"字形，故称为"转河"。20 世纪 70 年代，北京修建环线地铁，太平湖和长河高梁桥以下转河被填垫，自高梁桥向东，穿西直门火车站至三岔口改建成暗沟直接与北护城河相接，转河从地面消失。

为落实 1992 年首都总体规划，实现北环水系全线明河贯通，提高防洪排水能力，改善生态环境，2001 年市政府决定重新开挖，恢复转河。转河恢复工程起于北展后湖动物园闸，向北绕过西直门火车站，沿学院路、东小村路，穿新街口外大街及国管局小区，最后入北护城河。工程按 20 年一遇洪峰流量 82 立方米 / 秒设计，按百年一遇洪峰流量 106 立方米 / 秒校核。从动物园闸至索家坟路南，河道上开口宽 25 米，东小村西桥至东小村东桥河道上开口宽 20 米，其余河段上开口宽 15 米。工程主要任务是：治理河道 3725 米，其中新挖河道长 3300 米；新建一座船闸、2 座游船码头、13 座交通桥（含一座铁路桥涵）、1 座补水口；完成河道

转河

沿岸相关的雨水管道、出水口及配套工程。为实现水利、生态、文化、环境四大功能，以"长河遗梦"为主题，沿河建成历史文化园、生态公园、叠石水景、滨水游廊、亲水家园、绿色航道6个景区。不同历史时期的中华龙浮雕立于岸墙，高温彩釉的"春水游兴图"贴于高梁桥倚虹堂码头，沿途浅水湾、亲水栈桥、下沉广场、叠石瀑布、人工湿地等水景相连，成为北京生态治河的示范工程。工程于2002年5月15日开工，2003年9月30日竣工并实现通航。工程共完成土方开挖63万立方米，土方回填11.8万立方米，混凝土浇筑7.6万立方米，浆砌石1.5万立方米，草地绿化7.96万平方米等。工程总投资63410万元。

参考书目

（元）熊梦祥.析津志辑佚.北京：北京古籍出版社，1983

（明）沈榜.宛署杂记.北京：北京古籍出版社，1983

（明）刘侗、于奕正.帝京景物略.上海：上海古籍出版社，2001

（明）吴仲.通惠河志.北京：中国书店，1992

（清）于敏中等.日下旧闻考.北京：北京古籍出版社，1983

（清）顾炎武.昌平山水记　京东考古录.北京：北京古籍出版社，1980

汤用彬等编著.旧都文物略.北京：北京古籍出版社，2000

侯仁之主编.北京历史地图集.北京：文津出版社，2013

段天顺、李永善编著.水和北京.北京：中国水利水电出版社，2006

侯仁之主编.京水名桥.北京：北京美术摄影出版社，2003

《昌平县志》编纂委员会.昌平县志.北京：北京出版社，2007.6

北京市朝阳区地方志编纂委员会.北京市朝阳区志.北京：北京出版社，2007.12

北京市崇文区地方志编纂委员会.北京市崇文区志.北京：北京出版社，2004.5

《大兴县志》编纂委员会.大兴县志.北京：北京出版社，2002.9

北京市东城区地方志编纂委员会.北京市东城区志.北京：北京出版社，2005.8

北京市海淀区地方志编纂委员会.北京市海淀区志.北京：北京出版社，2004.4

北京市西城区地方志编纂委员会.北京市西城区志.北京：北京出版社，1999.8

北京市宣武区地方志编纂委员会.北京市宣武区志.北京：北京出版社，2004.11

延庆县志编纂委员会.延庆县志.北京：北京出版社，2006.4

通州区地方志编纂委员会.通县志.北京：北京出版社，2003.11

顺义县志编纂委员会.顺义县志.北京：北京出版社，2009.6

《怀柔县志》编纂委员会.怀柔县志.北京：北京出版社，2000.1

后　记

本书以第一轮《北京志·市政卷·排水志》相关内容为基础，参阅《北京志·自然环境志》及各区县志书有关自然环境的内容编辑而成。书中所使用图片除来源于志书外，北京出版社编审杨良志先生给予诸多支持，在此表示衷心感谢！

由于资料所限，记述内容有详有略；又因编者水平有限，难免有疏漏之处，敬请读者批评指正。

编　者

2018 年 8 月